JN193911

志賀浩二［著］

新装改版

集合への30講

朝倉書店

はしがき

集合に関する30講を書くに当って，集合論をどのような観点に立って見るのが一番よいだろうかということが，まず最初の問題となった．集合論の記述の仕方としては，集合概念をあまり限定しない，ゆるやかな枠組の中で述べる述べ方と，公理によって集合を規定して，論理的に厳密な理論構成を目指す，公理論的集合論にしたがうものとがある．後者は，数学の専門家向きのものであって，専門家以外の人がこの理論になじめるとも思えない．もっとも，数学を専門に学んでいる人たちにしても，公理論的集合論には無縁な人も多い．集合概念は，水が平野を潤すように，現代数学全体の中に静かに広がっている．この集合のもたらす感触は，必ずしも純粋に論理的なところから生ずるものではなくて，何かもっと自然に数学者の意識に融けこんでいるような気がしている．この意識は，無限概念を育てる，豊かな，しかし把え難い数学の深奥からやってくるもののようにみえる．

一般の人たちに，集合論への関心をもってもらうためには，まず無限に対する興味をよびおこしてもらわなくてはならないだろう．そのためには，公理論的集合論の立場は適当でなく，いわばゆるやかな枠組の中で，集合概念を波打たせ，揺り動かすのがよいと思う．これは，ふつう素朴集合論の立場とよばれている．しかし，素朴集合論というよび名は誤解を招きやすい．

公理論的集合論の樹立と，そこから連続体仮設や選択公理などのいくつかの基本命題の独立性を示したことは，20世紀数学の一つの金字塔だったのかもしれないが，私の考えでは，この演繹理論の壮麗な体系も，カントルの精神を捧げて克ちとった，集合論本来のもつ独創性には及ばないと思われる．

実際，集合論の本質は，数学の根源的な意味でのその素朴性にあるといってよいのではなかろうか．私が本書で示したかったことは，カントルを捉えて離さなかった，どうにも動かしようのない，集合論の中にひそむ永遠の素朴性と‘無限’の秘密とでもいうべきものを，できる限り明らかにしてみたいということであった．ここでは，数学史家の眼でものを見るわけにはいかないのだが，数学を通して，カントルの中で生じた思想の劇を，なるべくわかりやすく述べてみたいと思った．

数学のもつ堅固な論理の形式と，私たちの中に育っている無限に対する茫漠とした思いの葛藤の中に，集合論の世界が，たゆとうように広がっている．集合論を近くに引き寄せようとすると，無限が遠ざかるような，不思議な感触を，私は今まで時々感じた．この本を通して，読者ひとりひとりが，集合論の創った数学の世界を，自らの心の中に感じとって頂ければよいが，と望んでいる．

終りに，本書の出版に際し，いろいろとお世話になった朝倉書店の方々に，心からお礼申し上げます．

1988 年 4 月

著　　者

目　　次

第 1 講

身近なところにある集合

テーマ

- ◆ ものの集りとその元
- ◆ 地球上にある砂粒全体の集合
- ◆ 日本全国の家庭にある皿全体の集合
- ◆ 一つのまとまったものとしての，全体の認識

まわりを見回してみる

私たちのまわりにあるものを見回してみると，本箱の中にある本も，食器棚の中に並んでいる皿も，果物屋の店先に積んであるリンゴも，その総数はすべて有限である．たとえば，本は全部で 220 冊あり，皿は全部で 85 枚あり，リンゴは全部で 60 個あるというように，これらはすべて数え上げることができる．もう少し視野を広げてみても，A 中学の生徒の総数は 1370 人であるというように，やはり有限である．

このように，有限で，個数の少ないものは，その全体の集りも，必要ならば，いつでも 1 つにまとめてみることができる．たとえば，1370 人の中学生の集りをみたければ，生徒全員を校庭に集めるとよい．

私たちが生きて経験する世界の中にある‘ものの集り’は，このようにすべて有限個のものからなっている．もちろん，ここで，‘ものの集り’とは何かを，もう少しはっきりさせておかなくてはならないだろう．私たちは，集りを構成する‘もの’の 1 つ 1 つが，互いにはっきりと区別できるように識別でき，またその集りの全体を指定する範囲が明確に与えられているようなとき，これを‘ものの集り’ということにする．たとえば，現在世界に棲息するパンダの全体も，また昨年 1 年間に，日本で生産された自動車の全体も，‘ものの集り’となっている．

しかし，「あの谷川のあたりから湧き上っている霧の水滴の全体」とか，「東京

近辺に住んでいる人の全体」などは，考える範囲がはっきりしないから，‘ものの集り’とは考えない．また「落葉を焚火したとき出た煙の全体」といっても，1つ1つのものとして，この場合何を考えているのかはっきりしないから，これも‘ものの集り’とは考えない．

‘ものの集り’といういい方は，少しまわりくどいので，これからは‘集合’ということにしよう．集合という言葉は，単に日常見なれている‘ものの集り’だけではなくて，講が進むにつれて，もっと広い対象も含むようになる．集合を構成している‘もの’を，この集合の元とか，要素という．

たとえば，本箱にある220冊の本は，1つの集合をつくっており，この集合の元は，1冊1冊の本である．また食器棚に並んでいる皿も，1つの集合をつくっている．日本全国にある中学校全体も1つの集合をつくっている．このときは，1つ1つの中学校が，この集合の元であると考えている．

『砂の計算者』

上に述べた集合の例よりも，もっともっと元の個数の多い集合を考えてみようとすると，世界にある砂粒全体のつくる集合といったものも考えてみたくなる．

古代ギリシャの，かの有名な数学者，科学者であったアルキメデスに，『砂の計算者』という著作がある．ボイヤーの『数学の歴史』によると[1]，アルキメデスは，ここで，全宇宙をうめつくすために必要な砂の粒よりも，さらに大きな数を書き表わすことができると自慢しているそうである．アルキメデスは，そのため，西暦前3世紀の中頃に，サモスのアリスタルコスの提唱した考え，すなわち地球を太陽のまわりをめぐる軌道上におくという考えにしたがって，当時の観測から推定される量を用いて，全宇宙と考えられていた太陽と地球軌道のつくる部分の面積を評価し，これと，砂粒一つの大きさを比較することにより，全宇宙をみたすのに必要な砂粒の数は，10^{51}を越えないと結論したのである．

地球上にある砂粒全体の集合

今から2200年も前に，すでに『砂の計算者』のような著述があったというこ

---

1)　ボイヤー『数学の歴史』(加賀美鉄雄・浦野由有訳) 第2巻 (朝倉書店) 参照.

とは，本当に驚くべきことである．しかし，大きな集合を思い浮かべようとすると，アルキメデスのように，宇宙全体にまで視野を広げないとしても，地球上に現に存在している砂粒全体の集合とはどんなものかと考えてみたくなる．

そこでまず問題となるのは，このような砂粒全体の集合は，確定した集合として存在していると考えてよいだろうかということである．砂粒といっても，どんな微小なものもあるかもしれないから，直径何ミリ以上から何ミリ以下までと，砂粒の大きさを指定しておかなくてはならないだろう．また，セメントの小片は砂粒とはいわないだろうから，あるものが砂粒かどうか，選別できるような規準も与えておかなくてはならない．1つの砂粒が2つに割れることもないとしなくてはならない．衣類に付着していたり，空中を浮遊している砂粒などをどうするかも決めておかなくてはならない．

このようなことがすべてできたとしても，私たちは，地球上の砂粒全体の集合を，1つにまとめて，その存在を確認するような現実の操作をすることは，もちろん不可能である．

しかし，もしかりに，「地球上にある砂粒」という概念が明確に定義されるものと仮定してみるならば，そのとき私たちは，地球上にある砂粒全体の集合が存在すると考えるのに，それほど抵抗はないだろう．実際，明確な概念は，その概念をみたす個々のものを規定しているだけではなくて，その概念によって与えられるもの全体の範囲も同時に規定している．したがって，「地球上にある砂粒全体の集合」というものも，現実にその存在を確認する手段はないとしても，概念そのものによって自立した対象となり，1つのまとまったものとして考えることができるようになる．

皿の集合

砂というもともと多少概念的なものより，日常，食事のたびに，いつも手に取っている皿を考えてみる方がわかりやすいかもしれない．1枚1枚の皿の実体は誰にとっても明らかなものであって，この存在の確からしさについて改めて議論することなどは，意味のないことに思われる．

しかし，視点をかえて，「日本全国の家庭にある皿全体のつくる集合」を考えようとしたら，一体どういうことになるだろうか．このような集合が存在するかどうかということは，1枚の皿が存在するかどうかということと，全然別の認識であることに気がつくだろう．日本全国の家庭にある尨大な量からなる皿の集りを，現実に確認して，その存在を確かめるなどということは，もちろんできることではない．だが，‘日本全国の家庭にある皿’といういい方が，明確な‘もの’を指示していると考えるならば，この総体も，1つのまとまったものとして，確かに存在していると，私たちは考えることができる．それは，私たちの中にある認識の力によっている．

アルキメデスにならえば，「日本全国の家庭にある皿全体の個数は 10^{51} よりは小さい」というようないい方に，私たちはふつうは何のためらいも感じない．ためらいを感じないのは，私たちがこのような全体の存在を，意識するにせよ，無意識であるにせよ，すでに認めているからである．

1つ1つの認識と全体の認識

考えている対象全体の個数が小さいときには——日常，私たちがつき合っている対象はそのようなものであるが——，1つ1つの‘もの’の認識と，その‘もの’全体がつくる‘ものの集り’の認識とは，それほど異なるものとは考えていない．1冊の本の存在と，本箱の中にある本全体の存在とは，私の感じ方からいえば何の違いもない．しかし，上でみてきたように，1つの概念に包括される対象の個数が多くなってくると，1つ1つの‘もの’の認識の仕方と，全体を1つのまとまったものとして認識する仕方は異なってくる．

数学でいえば，たとえば，1つ1つの自然数を認識することと，自然数全体のつくる集合を，1つのまとまったものと考える認識の仕方は異なっている．これから少しずつ述べ，明らかにしていきたい集合論の考えは，この，全体を1つのまとまったものとして考える，私たちの認識の仕方を基盤としてでき上っている．

実は，このような，私たちの中にひそかに育てられていた認識の場所を，数学という学問の中に，はっきりとして取り出してみせたところに，集合論の創始者，ゲオルグ・カントル (1845–1918) の独創性があったといってよいのである．

Tea Time

質問　僕のまわりを見回しても，実にいろいろな集合があります．「ボールペンの集合」「ノートの集合」「カセットテープの集合」など．こんな多種多様のものが，数学の対象になるということは，信じられませんが，数学では集合のどんなことを問題とするのでしょうか．

答　この段階でこの質問に答えることは難しいが，たとえば，5つのリンゴのつくる集合と，5本のボールペンのつくる集合は，共有する性質として，個数が同じという性質があるといえる．すなわち，この2つの集合は，‘もの’がただ単に存在して集まっているにすぎないという見地に立てば，ともに同じ5つの‘もの’からなる集合であるといえるだろう．集合論では，2つの集合が与えられたとき，その集合をつくる‘もの’の性質は一切無視して，単に抽象的な‘もの’の集りとみたとき，共有する性質があるかないかを調べるのである．したがって，1つ1つの‘もの’のもつ，さまざまな多様な相は，集合論の観点からは消え去ってしまう．

第 2 講

自然数の集合

テーマ
- ◆ 自然数の機能——基数と序数
- ◆ 自然数の集合 $\boldsymbol{N}$
- ◆ 有限集合と無限集合
- ◆ 自然数の集合は，偶数の集合と 1 対 1 に対応する
- ◆ 全体と部分の 1 対 1 対応：無限集合の特性

自然数の機能

自然数 $1, 2, 3, \ldots$ には，2 つの機能がある．1 つは基数としての機能であり，もう 1 つは序数としての機能である．

基数としての機能とは，たとえばリンゴの集合があったとき，それを数えてみたら，ちょうど 9 個あったというような働き，すなわち集合の元が何個からなるか，その個数を示す働きである．この場合，数えるということは，いいかえれば，図 1 で示すように，リンゴと，1 から 9 までの自然数を 1 対 1 に対応させることである．

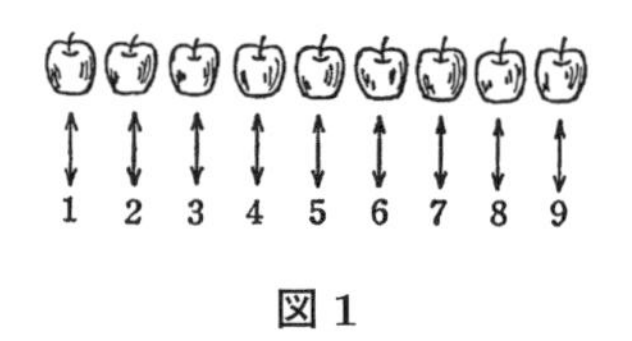

図 1

中学校の生徒の総数が 1370 人であるというとき，この 1370 という自然数は，中学校の生徒全員のつくる集合と，1 から 1370 までの自然数の集合とが，1 対 1 に対応できることを示している．

これに対し，序数としての機能とは，順に番号をつけて，その番号によって，あるものを特定できるような働きである．たとえば，1370 人の中学生に，(学籍番号でも何でもよいが) 1 番から 1370 番までの番号をつけておけば，「1 番から 50 番までの生徒はグランドの清掃」「51 番から 100 番までの生徒は残って補習」のように，1 人 1 人の生徒はすべて，番号によって特定することができる．

日本語のイチ，ニ，サン，...という呼び方は，基数としての働きと，序数としての働きを区別していないが，英語では

基数：one，two，three，four，...

序数：first，second，third，fourth，...

とはっきり区別されている．

野球では，アウトの数は，ワン・ダゥン，ツゥ・ダゥンと基数を用いて数えているが，塁の方は順序の指定が重要だから，ファースト，セカンド，サード，と序数を用いて並べている．

原始社会で，自然数が最初に誕生した契機は，2つの‘ものの集り’の個数を比べること——基数としての機能——を抽象化することによって生じたものか，あるいは1番目，2番目，3番目と目印しをつけるようなこと——序数としての機能——を抽象化することによって生じたものか，いろいろの説があるようだが，私は詳しいことは知らない．

自然数全体のつくる集合

さて，1から1000までの自然数をひとまず用意しておいたとしてみよう．しかし，基数にしても序数にしても，たとえば1000個のリンゴにもう1つリンゴをつけ加えて，このリンゴの総数を数え上げたり並べたりするためには，この1000までの数では足りなくなって，さらに1001という数を必要とする．このようなことは，どんな大きな自然数をとっても生ずることである．自然数の働きを自由に行なえるようにしておくためには，自然数の系列を途中で断ち切っておくことはできなくなって，自然数はどこまでも続いて存在しているとしておかなくてはならない．このようにして，自然数の無限系列

$$1, 2, 3, 4, \ldots$$

が生まれてくる．この最後の...は，途中で止めることができないという意味でかいているのだが，ここで私たちは，考え方の上で1つの飛躍を行なって，この全体が1つのまとまった集合をつくっていると考え，

$$\boldsymbol{N} = \{1, 2, 3, 4, \ldots\}$$

とおく．$\boldsymbol{N}$ を自然数の集合という．

この集合 $\boldsymbol{N}$ の存在を認めるのは，前講で述べたような，全体を1つのまとまったものとみることのできる，私たちの認識の力によっている．末尾の $\ldots$ と書かれている部分にある自然数を1つ1つ全部確かめることによって，$\boldsymbol{N}$ の存在を確認しているということではないのである．

有限集合と無限集合

私たちは，自然数の集合 $\boldsymbol{N}$ の存在は認めるという立場をとる．

集合 M が有限集合であるとは，適当な自然数 k をとると，M と集合

$$\{1, 2, 3, \ldots, k\}$$

とが1対1に対応するときであると定義する．このとき M の元の個数は k であるという．私たちが日常出会う集合は，すべて有限集合である．そしてそこでは，集合をつくる元の個数はいくつかということはいつもきまっている．

M と N を有限集合とする．そのとき明らかに

M と N の元の間には1対1の対応がつく
$\Longleftrightarrow$　M の元の個数と N の元の個数は等しい

が成り立つ．

たとえば，12個のリンゴからなる集合は，12冊の本からなる集合との間には，1対1の対応がつくが，8個のナシからなる集合との間には，1対1の対応がつかない．

有限集合ではない集合を無限集合という．$\boldsymbol{N}$ は無限集合である．

$\boldsymbol{N}$ の無限集合としての1つの性質

自然数の中で，特に偶数全体のつくる集合を $\boldsymbol{E}_0$ とする：

$$\boldsymbol{E}_0 = \{2, 4, 6, 8, \ldots\}$$

$\boldsymbol{E}_0$ もまた無限集合である．$\boldsymbol{E}_0$ は $\boldsymbol{N}$ の一部分にすぎない．しかし

$$\begin{array}{cccccccc} \boldsymbol{E}_0: & 2 & 4 & 6 & 8 & \cdots & 2n & \cdots \\ & \updownarrow & \updownarrow & \updownarrow & \updownarrow & & \updownarrow & \\ \boldsymbol{N}: & 1 & 2 & 3 & 4 & \cdots & n & \cdots \end{array}$$

という対応によって，$\boldsymbol{E}_0$ の元は，$\boldsymbol{N}$ の元と完全に 1 対 1 に対応している．すなわち「一部分が全体と 1 対 1 に対応している」ということがおきたのである．

有限個の元からなる集合では，決してこんなことはおきない．10 個のリンゴと，その一部分である 5 個のリンゴとは，決して 1 対 1 に対応しない．

$\boldsymbol{N}$ の一部分である $\boldsymbol{E}_0$ が，$\boldsymbol{N}$ と 1 対 1 に対応しているということは，$\boldsymbol{N}$ が無限集合であることの 1 つの特性である．実は集合論の主要なテーマは，有限集合ではなくて，無限集合を調べることにあるが，有限性と無限性とは，このようにその一部分と 1 対 1 の対応が存在するかどうかという観点からみても，全く異なった様相を呈しているのである．

Tea Time

大きな数

自然数の集合

$$\boldsymbol{N} = \{1, 2, 3, 4, \ldots\}$$

の，この $\ldots$ と書いた部分には，10^{100} とか，10^{10000} とか，その程度の大きさの自然数だけではなく，私たちの想像を絶するような大きな自然数も含まれている．もちろん，集合 $\boldsymbol{N}$ を，1 つのまとまったものとして，その存在を認めてしまうだけならば，このような大きな自然数が，$\ldots$ の中に含まれていることなど，あまり気にしなくともよい．しかしいつでも気軽に $\ldots$ と書くだけで，この $\ldots$ の意味する，果てしなく続く自然数の系列のことを，すっかり失念してしまうのも，あまりよいことではないだろう．

実際のところ，現在の数学でも，この $\ldots$ の世界に積極的に踏みこんでいったとき，どのようなことがおきるのかは，まだほとんど調べられていない．エルゴード理論やラムジー理論とよばれるものの中に，いくつかの興味ある結果が見出されるだけである．

この大きな数の世界に強い関心をもって眼を向けたのは，むしろ古代インドの数学だったかもしれない．このことについて，ついでだから，多少触れておこう．私は数学史の専門家ではないから，全く常識的なことしかいえないのだが，インドでは，億，兆，京 (けい)，垓 (がい) とどんどん大きな単位を導入して，夢のような大きな数の世界を現出させてみせた．大きな単位を導入していくことは，大きな数の世界を，どんどん眼の前に引き寄せてくることに対応している．たとえば兆という単位を導入すれば，2350 億という大きな数は 0.2350 兆となり，単位を捨ててしまえば，私たちは 0.2350 という数をみていることになる．

数学的にいえば，自然数の限りなく大きくなる方向へと走っていく現象を，大きな単位をどんどん導入して観察してみようとすることは，この現象を，くり返し，くり返し $[0,1]$ 区間へと引き戻して，眼の前の現象として捉えようとすることになる．$[0,1]$ 区間に引き戻された場所を，点としてしるしておくと，無限の方向に走っていく現象の列に対応して，$[0,1]$ 区間の中での無限点列が得られる．この無限点列は必ず集積点をもつ．集積点に近づく点列を，単位をかけて，再び，もとの大きくなる自然数へと戻してみると，この自然数列は，単位を無視すると，しだいに，現象がくり返していくような様子を示していくようになることがわかるだろう．

大きな数の世界に踏みこんでいくと，現象がくり返されるような状況が時々おきるようである．これは，どこかで輪廻とか，永遠回帰の思想とかに結びつくところがあるのだろうかと，Tea Time にふさわしく，お茶を飲みながら，勝手に空想することもある．

第 3 講

集合に関する基本概念

テーマ
- ◆ 集合と元
- ◆ 部分集合
- ◆ 空集合
- ◆ M の元 a と，a からなる部分集合 $\{a\}$
- ◆ M の部分集合全体のつくる集合 $\mathfrak{P}(M)$——ベキ集合

集 合 と 元

数学における集合論の関心は，主に無限集合であるが，もちろん有限集合も集合論の対象となる．したがって，リンゴ 3 個からなる集合も，集合論の対象となるといってよいのだが，このときも

$$M = \{a, b, c\}$$

のように記号を用いて表わし，各 a, b, c はリンゴを表わすと注をつけておくのがふつうである．この表示の仕方をあらかじめ了承しておいてもらえれば，これからは，集合とその元を表わすのに，具体的な事物を特に表わさなくとも，数学で用いるふつうの記号を用いてもよいだろう．

集合 M が元 a を含むとき

$$a \in M$$

と記す．(ときには，a と M の左右の位置をとりかえて $M \ni a$ と記すこともあるが，このような便宜上のいれかえは，以後いちいち断らない．) このとき，a は M に属しているという．a が M に属していないことを

$$a \notin M$$

と記す．

自然数の集合を $\boldsymbol{N}$ とすると

$$2 \in \boldsymbol{N}, \quad 153 \in \boldsymbol{N}, \quad 100^8 \in \boldsymbol{N}$$

であるが,

$$\sqrt{2} \notin \boldsymbol{N}, \quad -5 \notin \boldsymbol{N}$$

である.

集合 M が, 元 $a, b, c, \ldots$ からなることを明示するとき

$$M = \{a, b, c, \ldots\}$$

のように表わす. したがって, 自然数の中で偶数全体のつくる集合 $\boldsymbol{E}_0$ は

$$\boldsymbol{E}_0 = \{2, 4, 6, \ldots, 2n, \ldots\}$$

と表わされる. この場合

$$\boldsymbol{E}_0 = \{m \mid m = 2n,\ n = 1, 2, \ldots\}$$

と表わすこともある. この記法では, $\boldsymbol{E}_0$ の元 m は, 右辺のたてケイの右側に指定されている. すなわち, $m = 2n$ であって, ここで n として $1, 2, \ldots$ を代入したとき得られる数全体——偶数全体——が $\boldsymbol{E}_0$ であることが示されている.

たとえば同じ記法を用いれば, 自然数の中で奇数全体のつくる集合 $\boldsymbol{E}_1$ は

$$\boldsymbol{E}_1 = \{m \mid m = 2n + 1,\ n = 0, 1, 2, \ldots\}$$

と表わされる.

部 分 集 合

集合 N が集合 M の一部分であるとき, すなわち, N の元は必ず M の元となっているとき, N は M の部分集合であるといい, 記号で

$$N \subset M$$

と表わす. M 自身もまた M の部分集合であると考える.

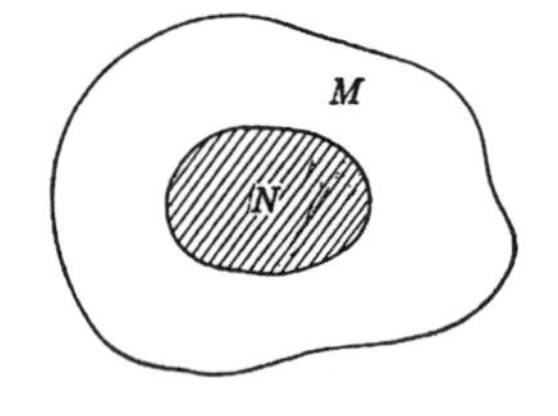

図 2

たとえば, $\boldsymbol{N}$ を自然数の集合, $\boldsymbol{E}_0$ をその中で偶数全体のつくる集合とすると

$$\boldsymbol{E}_0 \subset \boldsymbol{N}$$

であり, また

$$\{1, 5, 13\} \subset \boldsymbol{N}, \quad \{4, 8, 12, 16, 20, \ldots\} \subset \boldsymbol{E}_0$$

である.

明らかに

$$N \subset M,\ M \subset N \Longrightarrow N = M$$

であり，また包含関係の推移性

$$N \subset M,\ M \subset L \Longrightarrow N \subset L$$

が成り立つ.

N が M の部分集合であるが，M と違うということを明示したいときには，N は M の真部分集合であるといい，記号で

$$N \subsetneqq M$$

と表わす.

これから，いろいろの集合を考えるとき，元を何ももたない集合——空集合——も考えて，この集合は，任意の集合の部分集合となっていると考える方が都合のよいことが多い．部分集合の中に空集合も自然に含めるようにするには，部分集合の定義を改めて，次のようにしておくとよい.

集合 M が与えられたとき，M，および M からいくつかの元を除いて得られる集合を，M の部分集合という.

この定義にしたがえば，M から M のすべての元を除いたものも，M の部分集合となる．この部分集合を空集合といい，ϕ で表わす.

したがって，たとえば集合 $M = \{1, 2, 3\}$ の部分集合は，次の 8 つの集合からなる：

$$\phi,\ \{1\},\ \{2\},\ \{3\},\ \{1,2\},\ \{1,3\},\ \{2,3\},\ \{1,2,3\}$$

元 a と，a からなる部分集合 $\{a\}$

すぐ上の例でも，$\{1\}$，$\{2\}$，$\{3\}$ という M の部分集合が現われている．$1 \in M$ であるが，$\{1\} \subset M$ である．1 と書くときには，集合 $M = \{1, 2, 3\}$ の 1 つの元を表わしているが，$\{1\}$ と書くときには，元 1 だけからなる M の部分集合を表わしている.

この違いはわかりにくいかもしれないから，例を述べておく．いま A 市に住ん

でいる人全体の集合を $\tilde{M}$ とする．$\tilde{M}$ の元は，この場合，A 市に住んでいる 1 人 1 人の人である．A 市に住んでいる人たちは，それぞれ家族をもっている．家族は，$\tilde{M}$ の部分集合をつくっている．夫婦 2 人，子供 1 人の家族は，3 つの元からなる $\tilde{M}$ の部分集合となっている．いま，'a さん' は家族がいないとする．'a さん' は A 市の市民だから，$a \in \tilde{M}$ である．しかし，市役所から家族調査の調べがきたとき，'a さん' は，1 人家族だというだろう．家族という立場では $\{a\} \subset \tilde{M}$ である．1 人の人と，1 人家族は，概念が違うのである．

この例で，私たちは，さらに，A 市における家族全体のつくる集合というものも考えることができるだろう．1 つ 1 つの家族は，$\tilde{M}$ の部分集合と考えられる．したがって，家族全体の集合は，$\tilde{M}$ の部分集合の集りである．このようにして，部分集合のつくる集合というものが，ごく自然に考察の対象となってくる．もちろん，$\tilde{M}$ の部分集合の中には，家族だけではなく，美術館の職員全体とか，A 市の中学生全体とか，いろいろなものが含まれている．このような，部分集合全体のつくる集合を考えることが，すぐ次に続く話題となる．

部分集合全体のつくる集合

$M = \{1, 2, 3\}$ のとき，M の部分集合全体のつくる集合は

$$\{\phi,\ \{1\},\ \{2\},\ \{3\},\ \{1,2\},\ \{1,3\},\ \{2,3\},\ \{1,2,3\}\}$$

となる．

$N = \{1, 2\}$ のとき，N の部分集合全体のつくる集合は

$$\{\phi,\ \{1\},\ \{2\},\ \{1,2\}\}$$

である．

一般に，集合 M が与えられたとき，M の部分集合全体のつくる集合を $\mathfrak{P}(M)$ と表わし，M のベキ集合という．このような考えの重要さは，M という 1 つの集合が与えられると，その部分集合全体を集めることにより，また 1 つの新しい集合 $\mathfrak{P}(M)$ が生まれてくるという点にある：

$$M \longrightarrow \mathfrak{P}(M)$$
$$\{1,2\} \longrightarrow \{\phi, \{1\}, \{2\}, \{1,2\}\}$$

$\mathfrak{P}(M)$ も 1 つの集合だから，$\mathfrak{P}(M)$ から，また新しい集合 $\mathfrak{P}(\mathfrak{P}(M))$ が生ま

れてくるだろう．また M として自然数の集合 $\boldsymbol{N}$ をとったとき，$\mathfrak{P}(\boldsymbol{N})$ はどんなものだろうか．

このようにして，集合論が少しずつ動き出してくるのである．

問　$M=\{1,2,3,4\}$ のとき，$\mathfrak{P}(M)$ はどのような集合か．

Tea Time

質問　集合の包含関係を示すのに，どの本でも大体図 2 のように，集合を円か，円に近い形にかいていますが，どうしてなのでしょうか．僕は図 2 よりも，図 3 のようにかいた方がもっと楽しく変化があるように思いますが．

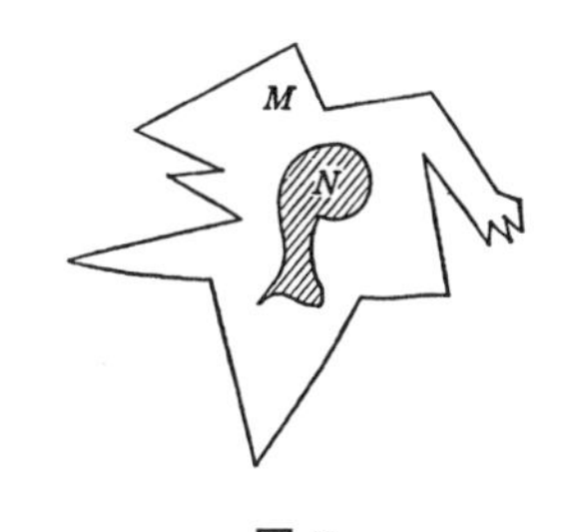

図 3

答　集合を円のようなもので表わす特別の理由はないと思う．包含関係を示すだけならば，もちろん図 3 のようにかいても同じことであるが，図 3 を見ると，集合の包含関係をこの図が示していると感ずるより先に，右の方に延びているのは，手のようだとか，N を表わす図形は何かに似ているようだとか，いろいろのことを思ってしまう．そうした余分なことを思わぬようにするためには，円をかいておくのが一番無難なのだろう．

この質問で思い出したが，以前次のようなことがあった．ある日，私のところへ，よくできる知り合いの高校生が遊びに来て，「平面上にある三角形全体のつくる集合というのは，どうもよくのみこめません」という．彼の納得いかない点を問い質してみたところ，「この集合を，教科書で集合を図示してあるように，円の中におさめるように考えるためには，どのように想像したらよいのか，イメージが湧かないのです」という答であった．

これは笑い話としては済まされないだろう．抽象的な記号に比べれば，図の方がはるかに印象が強い．だから，図を用いるときには，かえって慎重さが要求される．この高校生のような誤解が生じないためには，一切，図を用いないで集合を説明していくことが，一番よいのである．しかし，そうはいっても，やはり図を用いた方が，説明しやすく，わかりやすいということもある．この本でも，時時，図を挿入する．だが，読者は，図はあくまで便宜的なものであることをいつも注意して頂きたい．

第 4 講

有限集合の間の演算，個数の計算

テーマ
- ◆ 有限集合の元の個数
- ◆ 有限集合の和集合と共通部分
- ◆ 有限集合の直積集合
- ◆ 集合 M^N
- ◆ M から N への写像全体のつくる集合 $\mathrm{Map}(M, N)$
- ◆ 部分集合の個数：$|\mathfrak{P}(M)|$

有限集合の元の個数

有限集合 M に対して，M の元の個数を $|M|$ と表わす．たとえば

$|\{a, b, c, d\}| = 4$

M をアルファベットのつくる集合とする：$|M| = 26$

空集合 ϕ も有限集合と考えることがある．このとき $|\phi| = 0$ と定義する．

和集合と共通部分

2 つの有限集合 M と N に対し，M と N の少くとも一方には含まれている元全体のつくる集合を

$$M \cup N$$

と表わし，M と N の和集合，または M と N の結びという．

また，M の元であるとともに N の元にもなっている元全体のつくる集合を

$$M \cap N$$

と表わし，M と N の共通部分，または M

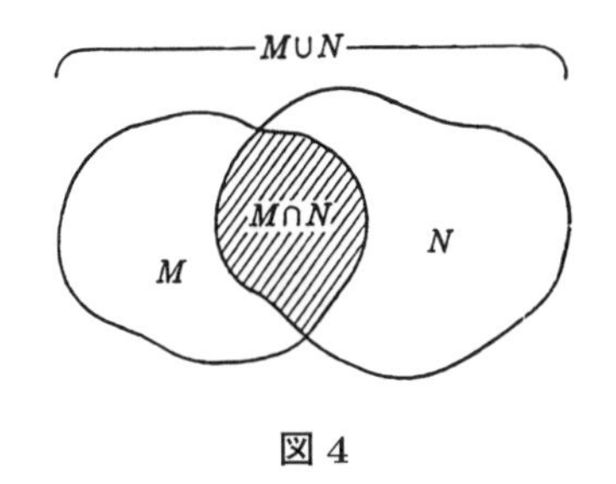

図 4

と N の交わりという．M と N に共有する元のないときには，$M \cap N = \phi$ とおく．

たとえば

$$M = \{1, 2, 3, 4, 5, 6\}, \quad N = \{3, 6, 9, 12\}$$

のとき

$$M \cup N = \{1, 2, 3, 4, 5, 6, 9, 12\}$$
$$M \cap N = \{3, 6\}$$

である．

和集合と共通部分の元の個数につき，次の公式が成り立つ．

$$|M \cup N| = |M| + |N| - |M \cap N|$$

【証明】　M の元で $M \cap N$ に属していないもの全体のつくる集合を A，N の元で $M \cap N$ に属していないもの全体のつくる集合を B とする．明らかに

$$|A| = |M| - |M \cap N|$$
$$|B| = |N| - |M \cap N|$$

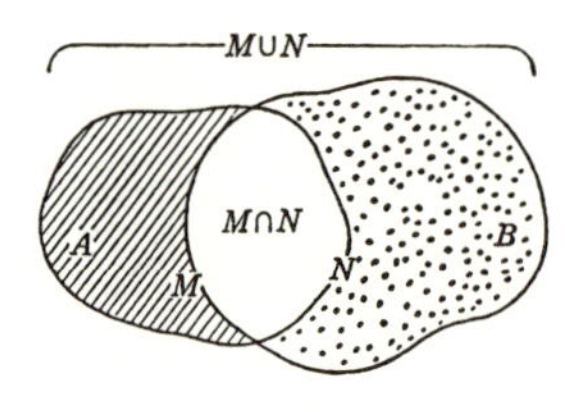

図 5

また $M \cup N$ は，互いに共通の元のない3つの集合，$A, M \cap N, B$ の和となっている．したがって，$M \cup N$ の各元は，この3つの集合のどれか1つに配分されている．したがってまた

$$\begin{aligned}|M \cup N| &= |A| + |M \cap N| + |B| \\ &= |M| - |M \cap N| + |M \cap N| + |N| - |M \cap N| \\ &= |M| + |N| - |M \cap N|\end{aligned}$$

が成り立つ．　∎

直 積 集 合

2つの有限集合 M, N が与えられたとき，M の元 a と N の元 b からなる対（つい）(a, b) を考える．このような1つ1つの対を元と考え，この全体を1つのまとまった集合と考えたものを

$$M \times N$$

と表わし，M と N の直積集合という．

たとえば，

$$M=\{1,2\}, \quad N=\{a,b,c\}$$

のとき

$$M \times N=\{(1,a),(1,b),(1,c),$$
$$(2,a),(2,b),(2,c)\}$$

となる．

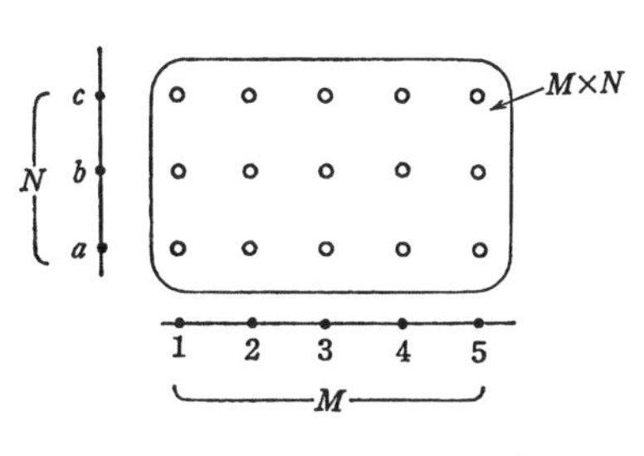

M={1, 2, 3, 4, 5}, N={a, b, c}
のときの M×N

図 6

直積集合の元の個数について次の公式が成り立つ．

$$|M \times N| = |M| \times |N|$$

【証明】 $|M|=m$, $|N|=n$ とし，$M=\{a_1,a_2,\ldots,a_m\}$, $N=\{b_1,b_2,\ldots,b_n\}$ と表わすと

$$M \times N=\{(a_i,b_j) \mid i=1,2,\ldots,m;\ j=1,2,\ldots,n\}$$

このことから $|M \times N|=mn=|M| \times |N|$ が成り立つことがわかる． ∎

3 つの有限集合 L, M, N に対しても同様に直積集合 $L \times M \times N$ を定義することができる：

$$L \times M \times N=\{(a_i,b_j,c_k) \mid a_i \in L, b_j \in M, c_k \in N\}$$

さらに一般に k 個の有限集合 $M_1, M_2, \ldots, M_k$ が与えられたとき，これらの直積集合

$$M_1 \times M_2 \times \cdots \times M_k$$

も考えることができる．

集　合　M^N

2 つの有限集合 M, N が与えられたとき，ベキの形で書かれた集合

$$M^N$$

を考えることができる．

一般的な定義をかく前に，まずいくつかの例を与えてみよう．

$$M^{\{1,2\}} = M \times M, \quad M^{\{1,2,3\}} = M \times M \times M$$
$$M^{\{b_1,b_2\}} = M \times M$$
$$M^{\{b_1,b_2,\ldots,b_n\}} = \underbrace{M \times M \times \cdots \times M}_{n\ 個}$$

このように，集合 M^N は，N の元の個数だけ，M を直積したものとして定義する．

$N = \{b_1, b_2, \ldots, b_n\}$ のとき，M^N は

$$M^N = \underbrace{M \times M \times \cdots \times M}_{n\ 個}$$

であり，したがって M^N の元 c は

$$c = (a_1, a_2, \ldots, a_n) \quad (各\ a_i は\ M\ の元)$$

と表わされる．N の元 $b_1, b_2, \ldots, b_n$ は，M^N の座標成分を指示していると考えて，c の b_1-成分は a_1，c の b_2-成分は a_2，…，c の b_n-成分は a_n であるということもある．

$|M| = m$，$|N| = n$ とおくと，積集合の元の個数の公式から，

$$\left|M^N\right| = |\underbrace{M| \times |M| \times \cdots \times |M}_{n\ 個}| = m^n$$

が成り立つことがわかる．

M から N への写像全体のつくる集合

M, N を有限集合とする．M の各元 a に対して，N のある元 b を対応させる仕方が与えられているとき，M から N への写像 φ が与えられたという．φ によって，M の元 a が N の元 b へうつされるとき

$$\varphi(a) = b$$

と表わす．

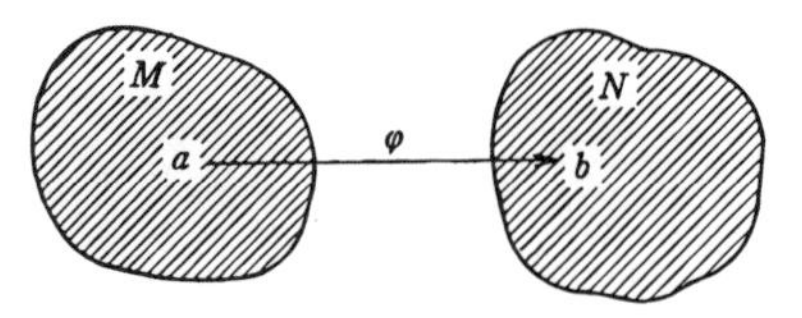

図 7

たとえば，$M = \{p, q, r\}$，$N = \{0, 1\}$ のとき，M から N への写像は，次の8個の対応のどれか1つで与えられている．

$$\text{(i)}\ \begin{cases} p \to 0 \\ q \to 0 \\ r \to 0 \end{cases} \quad \text{(ii)}\ \begin{cases} p \to 1 \\ q \to 0 \\ r \to 0 \end{cases} \quad \text{(iii)}\ \begin{cases} p \to 0 \\ q \to 1 \\ r \to 0 \end{cases} \quad \text{(iv)}\ \begin{cases} p \to 0 \\ q \to 0 \\ r \to 1 \end{cases}$$

$$\text{(v)}\ \begin{cases} p \to 1 \\ q \to 1 \\ r \to 0 \end{cases} \quad \text{(vi)}\ \begin{cases} p \to 1 \\ q \to 0 \\ r \to 1 \end{cases} \quad \text{(vii)}\ \begin{cases} p \to 0 \\ q \to 1 \\ r \to 1 \end{cases} \quad \text{(viii)}\ \begin{cases} p \to 1 \\ q \to 1 \\ r \to 1 \end{cases}$$

一般に，M から N への写像の 1 つ 1 つを元と考えて，その全体を 1 つのまとまった集合と考えたものを

$$\mathrm{Map}(M, N)$$

で表わす．(Map とかいたのは，写像を英語で mapping というからである．) 上の例で (i) から (viii) までの対応によって与えられる写像を $\varphi_1, \varphi_2, \ldots, \varphi_8$ とかくと

$$\mathrm{Map}(\{p, q, r\},\ \{0, 1\}) = \{\varphi_1, \varphi_2, \ldots, \varphi_8\}$$

である．

Map(M, N) の個数について次の公式が成り立つ．

$$|\,\mathrm{Map}(M, N)| = |N^M|$$

したがって $|M| = m$，$|N| = n$ とすると，$|N^M| = n^m$ だから

$$|\,\mathrm{Map}(M, N)| = n^m$$

【証明】 $M = \{a_1, \ldots, a_m\}$，$N = \{b_1, \ldots, b_n\}$ とする．φ を Map(M, N) の元とすると，φ は，M の元 $a_1, \ldots, a_m$ が，N のどの元に移るかで完全にきまる．すなわち φ は

$$(\varphi\,(a_1), \varphi\,(a_2), \ldots, \varphi\,(a_m)) \tag{1}$$

によって完全にきまる．$\varphi\,(a_1) \in N$，$\varphi\,(\alpha_2) \in N$，$\ldots$，$\varphi\,(a_m) \in N$ だから，(1) は見方をかえると

$$(\varphi\,(a_1), \varphi\,(a_2), \ldots, \varphi\,(a_m)) \in N \times N \times \cdots \times N = N^M$$

となっているとしてよい．

逆に N^M の元 $c = (b_{i_1}, b_{i_2}, \ldots, b_{i_m})$ が与えられると，M から N への写像 φ

が，$\varphi(a_1) = b_{i_1}$，$\varphi(a_2) = b_{i_2}$，…，$\varphi(a_m) = b_{i_m}$ できまる．したがって $\mathrm{Map}(M, N)$ の元 φ と，N^M の元が1対1に対応している．したがってこの2つの集合の個数は等しい．これで公式が証明された．■

たとえば前に述べた $M = \{p, q, r\}$，$N = \{0, 1\}$ のときには，$\mathrm{Map}(M, N)$ の8つの元 $\varphi_1, \varphi_2, \ldots, \varphi_8$ に対して

$$\varphi_1 \leftrightarrow (0,0,0), \quad \varphi_2 \leftrightarrow (1,0,0), \quad \varphi_3 \leftrightarrow (0,1,0)$$
$$\varphi_4 \leftrightarrow (0,0,1), \quad \varphi_5 \leftrightarrow (1,1,0), \quad \varphi_6 \leftrightarrow (1,0,1)$$
$$\varphi_7 \leftrightarrow (0,1,1), \quad \varphi_8 \leftrightarrow (1,1,1)$$

のように，ベキ集合 $\{0,1\}^{\{p,q,r\}}$ の元が対応している．

部分集合の個数

M の部分集合全体のつくる集合 $\mathfrak{P}(M)$ の元の個数――すなわち，M の部分集合の個数を知りたい．

最初に例として

$$M = \{p, q, r\}$$

の場合を考えてみよう．M の部分集合とは，いくつかの元を取り除いた残りと定義しておいたから，どの元を取り除くか目印しをつけておくと，部分集合がきまる．取り除く元に目印しとして0をつけておく．ついでに，残された方の元に1という目印しをつけておく．そうすると1という目印しのついた元だけが，1つの部分集合をつくることになる．たとえば，p に0，q と r に1の目印しをつけるということは，部分集合 $\{q, r\}$ を取り出したということになる．p と q に0，r に1という目印しは，部分集合 $\{r\}$ に対応する．

$$M = \{\underset{\substack{\Downarrow \\ \text{除く}}}{\overset{0}{p}},\ \overset{1}{q},\ \overset{1}{r}\} \Longrightarrow \{q,\ r\} \in \mathfrak{P}(M), \quad M = \{\underset{\substack{\Downarrow \\ \text{除く}}}{\overset{0}{p}},\ \underset{\Downarrow}{\overset{0}{q}},\ \overset{1}{r}\} \Longrightarrow \{r\} \in \mathfrak{P}(M)$$

そう思って，改めて前節の $\{p, q, r\}$ から $\{0, 1\}$ への対応 (i)～(viii) をみると，これは，p, q, r にどれを取り除き，どれを取るかという目印しをつけたものとみることができる．このようにみたとき，(i)～(viii) と部分集合との対応は

$$\text{(i)} \longleftrightarrow \phi, \quad \text{(ii)} \longleftrightarrow \{p\}, \quad \text{(iii)} \longleftrightarrow \{q\}, \quad \text{(iv)} \longleftrightarrow \{r\}, \quad \text{(v)} \longleftrightarrow \{p, q\}$$
$$\text{(vi)} \longleftrightarrow \{p, r\}, \quad \text{(vii)} \longleftrightarrow \{q, r\}, \quad \text{(viii)} \longleftrightarrow \{p, q, r\}$$

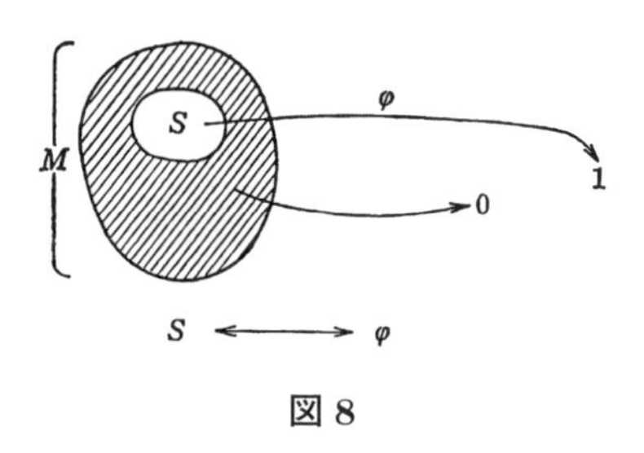

図 8

となっていることがわかる．これで $\{p, q, r\}$ のすべての部分集合がつくされているから，部分集合の個数は $2^3 = 8$ である．

同じように考えると，有限集合 M に対して，その部分集合 S を 1 つとることは，M から $\{0, 1\}$ への写像 φ を 1 つきめることと 1 対 1 に対応していることがわかる．この写像 φ によって 1 にうつされる元が，この写像に対応する M の部分集合 S をつくると考える (図 8).

したがって $\mathfrak{P}(M)$ の元 (M の部分集合！) と，$\mathrm{Map}(M, \{0, 1\})$ の元とが 1 対 1 に対応する．このことから，$|\mathfrak{P}(M)| = |\mathrm{Map}(M, \{0, 1\})|$ のことがわかった．$|\mathrm{Map}(M, \{0, 1\})| = 2^m$ に注意すると，結局次の公式が得られたことになる．

$$|\mathfrak{P}(M)| = 2^m \quad (m = |M|)$$

問 1
$$L \cap (M \cup N) = (L \cap M) \cup (L \cap N)$$
を示せ．

問 2
$$|L \cup M \cup N| = |L| + |M| + |N| - |L \cap M| - |M \cap N| - |L \cap N| + |L \cap M \cap N|$$
を示せ．

Tea Time

質問 M と N が有限集合で，M, N の元の個数を m, n とします．M と N に共通な元がないときには，$M \cup N$ の個数が，m と n の和 $m + n$ となることは，明らかなことと思います．しかし，自然数の積 mn は直積集合の個数として，ベキ m^n は，写像のつくる集合の個数から出てくるのには驚きました．それでは同じように考えれば，$m \geqq n$ のときの自然数の差 $m - n$ に対応する集合演算があっ

てもよいと思います．

答　確かにそうである．$M \supset N$ のとき，M の元で，N に属していないものを，$M - N$ とかいて，M の N による差集合という．(あとで，もう少し別の視点から述べるときには，M に対する N の補集合という．) このとき

$$|M - N| = m - n$$

である．

しかし，一般的には，$M \supset N$ でないときにも差集合を考えたい．このときは，図 9 で斜線の部分，すなわち，M の元で N に属していないものを，やはり差集合といって，

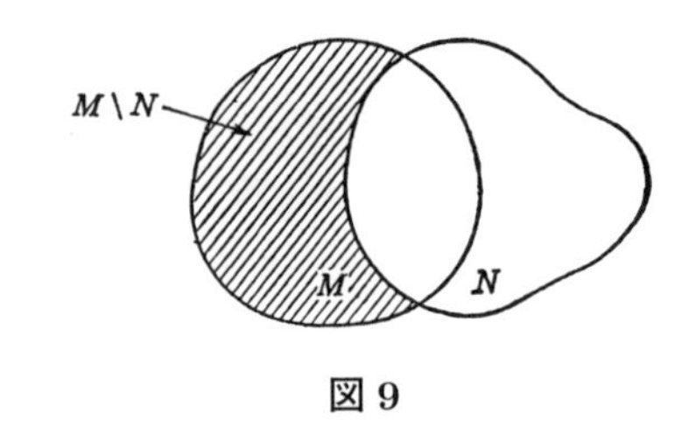

図 9

$$M \backslash N$$

という記号で表わす．この記号は妙にみえるかもしれないが，マイナス記号が斜めにおかれたとみるとよい．

第 5 講

可算集合

テーマ
- ◆ 個数と 1 対 1 対応
- ◆ 1 対 1 対応と濃度
- ◆ 可算集合
- ◆ 可算集合の例
- ◆ 高々可算集合

個数と 1 対 1 対応

基数の立場からみるとき，自然数は，たとえば 10 個のリンゴの集合と 10 個のナシの集合との間に 1 対 1 の対応があるが，このとき共有する性質を 10 で表わそうということから生まれてきた．第 2 講で述べたように，このように，有限個のものからなる個数という概念から抽象されてきた自然数は，全体として一つのまとまったものとして認識されて，そこに自然数の集合

$$\boldsymbol{N} = \{1, 2, 3, \ldots\}$$

が形成されてきた．しかし，この $\boldsymbol{N}$ はもはや有限集合ではない．

この $\boldsymbol{N}$ という集合の存在を認めたということは，数学は，単に有限集合だけではなく，無限集合という対象にも，考察の範囲を広げることができるということを意味するものである．

さて，無限集合を数学の対象とするとき，最初に問題となるのは，有限集合のときの‘元の個数’に対応する概念をどのように導入したらよいかということである．

有限集合の場合，$\{1, 2, 3, \ldots, 10\}$ という標準的な集合と 1 対 1 に対応する集合は，すべて同じ個数 10 をもつとしている．同じように考えるならば，自然数の集合 $\boldsymbol{N}$ と 1 対 1 に対応している集合は，$\boldsymbol{N}$ と‘同じ個数の元’をもつと考えてよ

いだろう．しかし，無限集合の場合，元をすべて数え上げるということはできないのだから，‘同じ個数’といういい方は，適当でない．私たちは，1対1の対応が存在するという点だけに注目することにする．

1対1対応と濃度

【定義1】 集合 M と N が与えられたとする．M の元 a に N の元 b がただ1つ対応し，また N の任意の元 $\tilde{b}$ に対して，M の元 $\tilde{a}$ で，$\tilde{a}$ が $\tilde{b}$ に対応しているものがただ1つ存在しているとき，M と N は1対1に対応しているという．

有限集合の場合と同様に，一般の集合に対しても，M から N への写像という概念を定義することができる．すなわち，M の各元 a に対して，N のある元 b を対応させる仕方が与えられているとき，M から N への写像 φ が与えられたという．

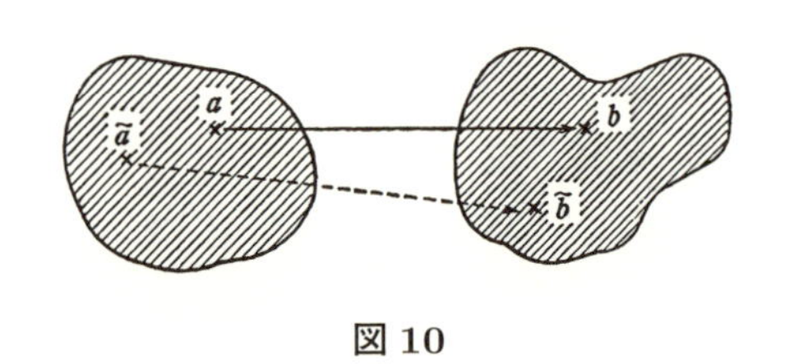

図 10

この写像の言葉を用いると，定義1は次のようにいっても同じことになる．

【定義1′】 集合 M から集合 N への写像 φ で，次の (i)，(ii) の性質をみたすものが存在するとき，M と N は1対1に対応しているという．

(i)　$a, a' \in M$ で $a \neq a'$ ならば，$\varphi(a) \neq \varphi(a')$．

(ii)　任意の $\tilde{b} \in N$ に対して，ある $\tilde{a} \in M$ が存在して

$$\varphi(\tilde{a}) = \tilde{b}$$

このとき，φ は M から N への1対1対応であるという．

【定義2】 集合 M と集合 N が1対1に対応しているとき，M と N は同じ濃度をもつという．

この言葉では，10個のリンゴの集合と，10個のナシの集合は，同じ濃度をもつということになる．10個のリンゴの集合と，10匹の犬の集合も同じ濃度をもつ．これらの集合が，「同じ濃度をもつ」ということを指示するのに，基数10を用いたということになる．

【定義3】 自然数の集合 $\boldsymbol{N}$ と同じ濃度をもつ集合を，可算集合という．

すなわち，M が可算集合であるということは，$\boldsymbol{N}$ から M への 1 対 1 対応 φ が存在することである．

M が可算集合のとき，M は濃度 $\aleph_0$ をもつという．記号 '$\aleph_0$' はアレフ・ゼロとよむ．$\aleph$ は，ヘブライ文字の A に相当する文字であって，集合論の創始者カントルがこの文字を使ってから，集合論ではこの文字の使用は慣用のものとなった．$\aleph_0$ は，自然数の濃度を示す一つの基数と考えられるものであって，この役目は，有限集合の濃度 (個数！) を示す基数 $1, 2, 3, \ldots$ と同じ役目を，可算集合に対して果しているといえる．

可算集合の例

(1) 自然数の集合 $\boldsymbol{N}$，偶数の集合 $\boldsymbol{E}_0$，奇数の集合 $\boldsymbol{E}_1$ は可算集合である．

(2) 整数の集合

$$\boldsymbol{Z} = \{\ldots, -3, -2, -1, 0, 1, 2, 3, \ldots\}$$

は可算集合である．

なぜなら $\boldsymbol{N}$ から $\boldsymbol{Z}$ への写像 φ を

$$\varphi(2n) = n \qquad (n = 1, 2, \ldots)$$
$$\varphi(2n+1) = -n \quad (n = 0, 1, 2, \ldots)$$

によって定義すると，φ は $\boldsymbol{N}$ から $\boldsymbol{Z}$ への 1 対 1 写像を与えているからである．(φ は，偶数を正の整数に，奇数を 0 と負の整数にうつしている．)

(3) M を可算集合とする．S を M の部分集合で，かつ無限集合とすると，S は可算集合である．

なぜなら，$\boldsymbol{N}$ から M への 1 対 1 対応を 1 つ与えておくと，M は

$$M = \{a_1, a_2, a_3, \ldots, a_n, \ldots\}$$

と表わすことができる．S の元で，この並び方の最初に現われるものを a_{i_1}，次に現われるものを a_{i_2}，$\ldots$ とすると，S は

$$S = \{a_{i_1}, a_{i_2}, a_{i_3}, \ldots, a_{i_n}, \ldots\}$$

と表わされる．S は無限集合だから，この系列が途中で止まることはない．$\boldsymbol{N}$ から S への写像 φ を

$$\varphi(n) = a_{i_n}$$

と定義すると，φ は1対1写像である．したがって S は可算集合である．

この応用として，たとえば

(3a)　整数の中で，5で割りきれるもの全体は可算集合をつくる．

(3b)　素数全体のつくる集合は可算集合である．

素数とは，1より大きい自然数で，自分自身と1以外には約数をもたない数のことである．素数の最初の部分をかくと次のようになる：

$$2,\ 3,\ 5,\ 7,\ 11,\ 13,\ 17,\ 19,\ 23,\ 29,\ 31,\ 37,\ 41,\ \ldots$$

任意の自然数は，素数の積として表わされる．

素数が無限にあることは，背理法を用いて次のように示される．いま素数が有限個しかなかったとして，その総数を n とする．そのとき，素数全体は，$\{2,3,5,\ldots,p_n\}$ と表わされる．自然数

$$q = 2\cdot 3\cdot 5\cdot \cdots p_n + 1$$

を考えると，q は，2で割っても，3で割っても，5で割っても，どの素数で割っても1余る．したがって，この自然数 q は，どんな素数でも割りきれないことになり，矛盾である．したがって，素数は無限に存在する．

素数のつくる集合は，$\boldsymbol{N}$ の部分集合で，かつ無限集合だから，可算集合である．

(4)　自然数の対（つい） $(m,n)\,(m,n = 1,2,3,\ldots)$ 全体のつくる集合は可算集合である．

実際，自然数の対 (m,n) には，次のように斜線に沿って順次番号をつけることにより，自然数の集合 $\boldsymbol{N}$ と1対1に対応させることができる：

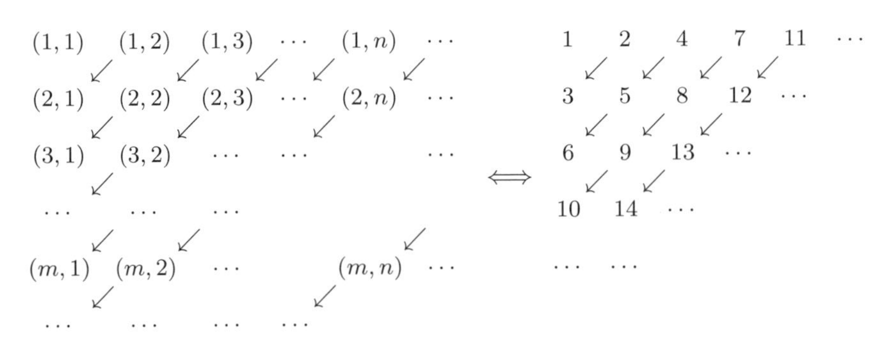

高々可算集合

集合 M が，有限集合か，可算集合のとき，M を高々可算集合という．

可算という形容詞は，英語で countable であり，高々可算は at most countable の訳である．ぎこちない日本語だが，数学では慣用となっている．高々可算という言葉を用意しておくと，たとえば次のような事実を述べるのに便利である．

M を可算集合とすると，M の任意の部分集合は高々可算集合である．

このことは，M の部分集合は，有限集合か無限集合かのどちらかであり，無限集合ならば (3) により可算集合となっていることから，すぐにわかる．

Tea Time

質問　高々可算とは，数学の用語としては，妙なものだと思っていましたが，at most countable という英語を聞いて，かえって納得したような気分になりました．ついでですから，集合とか，濃度の英語も教えて頂けませんか．

答　集合は，英語では set と簡明にいう．応接セットは日本語となっているが，数学ではリンゴの集合も a set of apples であり，自然数の集合は the set of natural numbers となる．濃度は，potency または power であるが，あるいは基数という英語をそのまま使って，cardinal number ともいう．日本語でも濃度のことをこの英語どうりにカージナル数ということがある．たとえば次のようないい方をする．'可算集合のカージナル数は $\aleph_0$ である'．可算集合は countable set でよいが，enumerable set といういい方も，よく用いられる．

第 6 講

可算集合の和集合と直積集合

テーマ
- ◆ 自然数の集合 $\boldsymbol{N}$ を，可算集合に分ける．
- ◆ 可算集合の和集合：有限個の和集合，可算個の和集合
- ◆ 2 つの可算集合の直積集合

自然数の集合の分解

可算集合に対しても，有限集合の場合と同様に和集合を定義することができる．たとえば，自然数の集合 $\boldsymbol{N}$ は，偶数のつくる集合 $\boldsymbol{E}_0$ と，奇数のつくる集合 $\boldsymbol{E}_1$ の和集合となっている：

$$\boldsymbol{N} = \boldsymbol{E}_0 \cup \boldsymbol{E}_1 \tag{1}$$

もう少し見やすくかくと

$$\{1, 2, 3, 4, 5, \ldots\} = \{2, 4, 6, \ldots\} \cup \{1, 3, 5, \ldots\}$$

である．

和集合 (1) の右辺に現われる $\boldsymbol{E}_0$ と $\boldsymbol{E}_1$ には，共通の元がない．このことを強調したいとき，$\boldsymbol{N}$ は，$\boldsymbol{E}_0$ と $\boldsymbol{E}_1$ の直和 (または直和集合) であるといって，記号

$$\boldsymbol{N} = \boldsymbol{E}_0 \sqcup \boldsymbol{E}_1 \tag{2}$$

で表わす．記号 $\sqcup$ は，和集合の記号 $\cup$ が少し角ばってものものしくなったと見るとよい．記号のことよりは，可算集合 $\boldsymbol{N}$ が，2 つの可算集合 $\boldsymbol{E}_0, \boldsymbol{E}_1$ から組み立てられていることに注意すべきである．有限集合のときには，たとえば 100 個からなる‘ものの集り’が，同じ個数 100 個のものを 2 つ合わせてできるなどということは，絶対におこり得ない．したがって，この点では可算濃度 $\aleph_0$ は，有限個の‘個数’とは，全く異なる状況を示すのである．

実は，$\boldsymbol{N}$ は，もっと多くの可算集合の直和に分解する．それをみるために，

$$\boldsymbol{E}_0{}' = \{1\} \cup \boldsymbol{E}_0 = \{1, 2, 4, 6, 8, \ldots\}$$

とおく．次に $\boldsymbol{E}(3)$ により，3 の倍数で，2 で割りきれないもの全体からなる集合を表わす：

$$\boldsymbol{E}(3) = \{3, 9, 15, 21, \ldots\}$$

次に $\boldsymbol{E}(5)$ により，5 の倍数で，2 でも 3 でも割りきれないもの全体からなる集合を表わす．

$$\boldsymbol{E}(5) = \{5, 25, 35, 55, \ldots\}$$

以下同様にして，たとえば $\boldsymbol{E}(7)$ は，7 の倍数で，2, 3, 5 で割りきれないもの全体であると定義する．$\boldsymbol{E}(7)$ の中には，$7, 7^2, 7^3, \ldots, 7^n, \ldots$ が含まれているから，$\boldsymbol{E}(7)$ は無限集合である．各素数 p に対して，$\boldsymbol{E}(p)$ を，p の倍数で，p より小さい素数で割りきれない数全体からなる集合として定義する．$\boldsymbol{E}(p)$ は無限集合である．

そのとき，$\boldsymbol{N}$ は

$$\boldsymbol{N} = \boldsymbol{E}_0{}' \sqcup \boldsymbol{E}(3) \sqcup \boldsymbol{E}(5) \sqcup \boldsymbol{E}(7) \sqcup \cdots \sqcup \boldsymbol{E}(p) \sqcup \cdots \tag{3}$$

と分解される．各 $\boldsymbol{E}(p)$ は可算集合であって，p が素数全体をわたるとき，部分集合 $\boldsymbol{E}(p)$ の全体は可算である．

標語的にいえば，自然数の集合 $\boldsymbol{N}$ は，可算個の可算集合の直和として表わされる．

もちろん，自然数の集合 $\boldsymbol{N}$ は，任意の有限個の，たとえば，100 個の可算集合の直和として表わすこともできる．それには，素数 $2, 3, 5, \ldots$ を順に，1 番目，2 番目と数えていったとき，100 番目にくる素数を p_{100} とし，(3) の分解を

$$\begin{aligned}\boldsymbol{N} &= \boldsymbol{E}_0{}' \sqcup \boldsymbol{E}(3) \sqcup \boldsymbol{E}(5) \sqcup \cdots \sqcup \underbrace{\boldsymbol{E}(p_{100}) \sqcup \cdots}_{\tilde{\boldsymbol{E}}(p_{100})} \\ &= \boldsymbol{E}_0{}' \sqcup \boldsymbol{E}(3) \sqcup \boldsymbol{E}(5) \sqcup \cdots \sqcup \tilde{\boldsymbol{E}}(p_{100})\end{aligned}$$

と，かき直しておくとよい．

可算集合の和集合

M, N を可算集合とすると，和集合 $M \cup N$ も可算集合である．

【証明】　この証明には，第4講のTea Timeで述べてある差集合の概念を用いる．第4講では，有限集合の場合しか取り扱わなかったが，そのときと同様に，$N\backslash M$は，Nの元で，Mに属していないもの全体からなる集合とする．そのとき

$$M \cup N = M \sqcup (N\backslash M)$$

が成り立つ(図11)．$N\backslash M$が可算集合ならば，この分解を，(2)の分解と見比べて，Mの元を$\boldsymbol{E}_0$の元と1対1に対応させ，$N\backslash M$の元を$\boldsymbol{E}_1$の元と1対1に対応させることにより，$M \cup N$と$\boldsymbol{N}$との間の1対1対応が得られる．

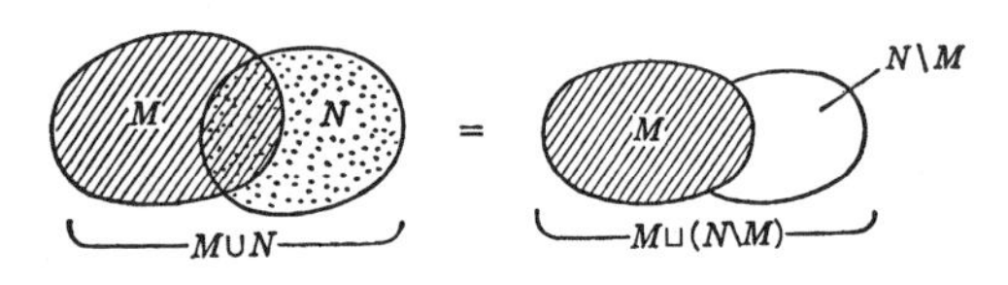

図 11

$N\backslash M$が有限集合で，たとえば$\{b_1, b_2, \ldots, b_n\}$と表わされているときには，$M$の元を

$$\{n+1, n+2, \ldots\}$$

と1対1に対応させ，$N\backslash M$の元を$\{1, 2, \ldots, n\}$に対応させると，$M \cup N$と$\boldsymbol{N}$との間の1対1対応が得られる．　■

このことから，M_1, M_2, M_3が可算集合ならば，$M_1 \cup M_2 \cup M_3$もまた可算集合であることがわかる．なぜなら

$$M_1 \cup M_2 \cup M_3 = (M_1 \cup M_2) \cup M_3$$

であり，一方$M_1 \cup M_2$は上の結果から可算集合だから，$M_1 \cup M_2$とM_3に，もう一度上の結果を用いることができるからである．

同様の推論をくり返すことにより，

$M_1, M_2, \ldots, M_n$が可算集合ならば， $M_1 \cup M_2 \cup \cdots \cup M_n$も可算集合である．

もう一歩進めて可算個の和集合の場合も考えておこう．$M_1, M_2, \ldots, M_n, \ldots$を可算集合の系列とする．このとき，少くとも1つの$M_n$に含まれる元全体を考え

ることによって，和集合

$$M_1 \cup M_2 \cup \cdots \cup M_n \cup \cdots$$

が得られる．これを簡単に

$$\bigcup_{n=1}^{\infty} M_n$$

とかくこともある．このとき，次のことが成り立つ．

> 各 $M_n (n = 1, 2, \ldots)$ が可算集合ならば
>
> $$M_1 \cup M_2 \cup \cdots \cup M_n \cup \cdots$$
>
> もまた可算集合である．

【証明】 $M_1, M_2, \ldots, M_n, \ldots$ のどの 2 つをとっても共有する元がない場合，すなわち

$$M_i \cap M_j = \phi \quad (i \neq j)$$

が成り立つ場合だけ示しておこう．このとき，

$$\bigcup_{n=1}^{\infty} M_n = M_1 \sqcup M_2 \sqcup M_3 \sqcup \cdots \sqcup M_n \sqcup \cdots \quad (4)$$

と表わせる．$\boldsymbol{N}$ の分解 (3) と見比べて, M_1 と $\boldsymbol{E}_0{}'$, M_2 と $\boldsymbol{E}(3)$, M_3 と $\boldsymbol{E}(5), \ldots, M_n$ と $\boldsymbol{E}(p_n)$ とを

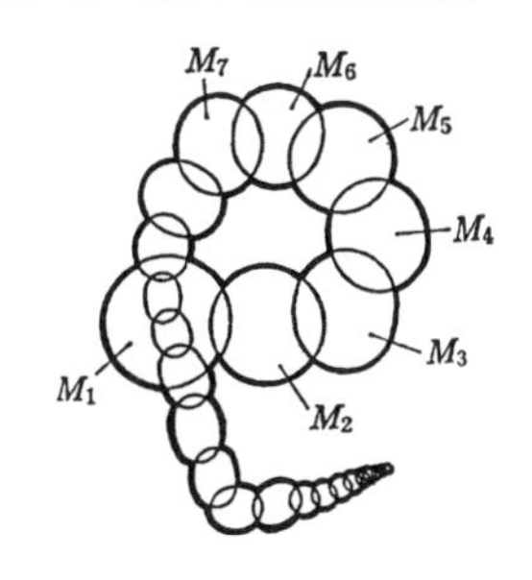

図 12

1 対 1 に対応させておくと，結局 (4) と $\boldsymbol{N}$ との間の 1 対 1 対応が得られる．これで証明された．(なお M_i と $M_j (i \neq j)$ の間に共通の元のあるときには，$M_1, M_2, \ldots, M_n, \ldots$ の系列を，共有点のない系列

$$M_1,\ M_2 \backslash M_1,\ M_3 \backslash (M_1 \cup M_2),\ M_4 \backslash (M_1 \cup M_2 \cup M_3),\ \ldots$$

に直してから，同様に考える．この系列に有限集合が現われるときは，適当に補正する．) ∎

可算集合だけではなくて，有限集合も考えに入れるときには，上の命題より，次の形の命題の方が使いやすいこともある．

> 各 $M_n (n = 1, 2, \ldots)$ が高々可算集合ならば，
>
> $$M_1 \cup M_2 \cup \cdots \cup M_n \cup \cdots$$
>
> もまた高々可算集合である．

可算集合の直積集合

> M, N を可算集合とすると，直積集合 $M \times N$ も可算集合である．

【証明】　$M = \{a_1, a_2, \ldots, a_m, \ldots\}$,　$N = \{b_1, b_2, \ldots, b_n, \ldots\}$
とすると，

$$M \times N = \{(a_m, b_n) \mid m, n = 1, 2, \ldots\}$$

である．前講 (4) により，自然数の対(つい) (m, n) 全体のつくる集合は可算集合である．この集合と $M \times N$ とは，対応

$$(m, n) \longleftrightarrow (a_m, b_n)$$

によって，1 対 1 に対応している．したがって $M \times N$ も可算集合である．　■

このことをくり返して用いると

> $M_1, M_2, \ldots, M_n$ が可算集合ならば，直積集合
> $M_1 \times M_2 \times \cdots \times M_n$ も可算集合である．

ことがわかる．

ここで $M_1 \times M_2 \times \cdots \times M_n$ は，M_1 から a_{i_1}, M_2 から a_{i_2}, ……，M_n から a_{i_n} を任意にとって並べた

$$(a_{i_1}, a_{i_2}, \ldots, a_{i_n})$$

のような形の元全体からなる．

Tea Time

質問　和集合と直積集合の結果を見比べてみると，和集合の方は，可算個の和集合 $M_1 \cup M_2 \cup \cdots \cup M_n \cup \cdots$ まで考えているのに，直積集合の方は，有限個の直積しか考えなかったのは，何か理由があることなのでしょうか．

答　確かに理由はあったのである．可算集合の系列 $M_1, M_2, \ldots, M_n, \ldots$ が与えられたとき，私たちは，直積集合

$$M_1 \times M_2 \times \cdots \times M_n \times \cdots$$

を考えることができる．しかし，あとの講でみるように，この集合は，もはや可算集合ではないのである．可算集合より，‘もっと濃度の高い’集合となってしまう．可算個の和集合と，可算個の直積集合とは，濃度の点からみると，全く異なった様相を呈してくる．

有限集合の場合をふり返ってみると，いま有限集合 M_1, M_2, M_3, M_4 があって，それぞれの元の個数は 10 であるとする．このとき

$$|M_1 \sqcup M_2 \sqcup M_3 \sqcup M_4| = 40$$

であるが

$$|M_1 \times M_2 \times M_3 \times M_4| = 10000$$

である．すなわち，直積集合をとる方が，和集合をとるときより，はるかに元の個数が多くなる．この状況が，無限個の直積集合をとったとき，もっと強い形で反映してくるのである．実際，驚くべきことに，2 つの元からなる集合 $\{0,1\}$ の可算個の直積集合

$$\{0,1\} \times \{0,1\} \times \{0,1\} \times \cdots \times \{0,1\} \times \cdots$$

でさえ，もはや可算集合ではなくなって，‘もっと濃度の高い’集合となる．このことについても，第 8 講以下で少しずつ説明していくことにする．

第 7 講

数直線上の可算集合

テーマ
- ◆ 数直線
- ◆ 有理数の集合 $\boldsymbol{Q}$
- ◆ 有理数の集合は可算集合
- ◆ 数直線上の有理点の稠密性
- ◆ 互いに重なり合わない線分のつくる集合
- ◆ (Tea Time) 代数的な数

数　直　線

直線上に相異なる 2 点 O と E をとり (ふつう E は O の右側にとる)，O に目盛り 0，E に目盛り 1 を与えると，これを基準点として数直線が得られる．すなわち物差しの目盛りを刻むのと同じ要領で，OE と等間隔に並ぶ点を，E の右から順に，右の方向に $2, 3, 4, \ldots$ と目盛りをつける．O の左の方向に OE と等間隔に並ぶ点には，0 に近い点から順に $-1, -2, -3, \ldots$ と目盛りをつける．次に OE を n 等分して，0 に一番近い分点に $\dfrac{1}{n}$ と目盛りをつける．今度はこれを基準として，$\dfrac{m}{n}$ $(m = 0, 1, 2, \ldots;\ -1, -2, \ldots)$ の目盛りをつける点がきまってくる．

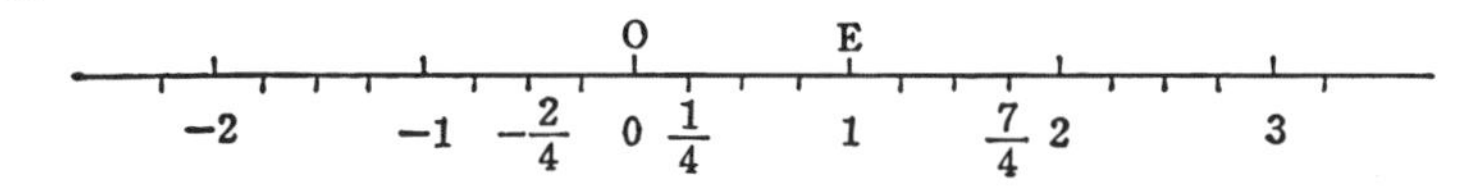

図 13

このようにして，どんな有理数 $\dfrac{m}{n}$ をとっても，$\dfrac{m}{n}$ の目盛りをもつ点が，直線上のどこにあるかが確定する．実際は，数直線というときには，さらに，任意の実数に対しても，直線上の点を対応させて，直線上の点は，必ずある 1 つの実数を表わしていると考えるのであるが，さしあたりは，有理数の目盛りがきめられている上のような直線を，数直線ということにする．

有理数の集合

分数といっても有理数といっても本質は同じことで，それは $\dfrac{n}{m}$ $(m = 1, 2, 3, \ldots;$ $n = 0, \pm 1, \pm 2, \ldots)$ と表わされる数のことである．しかし，分数というときには，この表わし方まで注目していることが多い．それに反して有理数というときには，表わし方は無視して，たとえば

$$\frac{1}{4} = \frac{2}{8} = 0.25$$

は，‘有理数 $\dfrac{1}{4}$ は $\dfrac{2}{8}$ に等しく，0.25 と表わされる’ というようないい方もできる．以下では，有理数という用語の方を採用することにするが，これは数学では慣用のことである．

有理数全体のつくる集合を $\boldsymbol{Q}$ と表わす．有理数を表わす分数の分母に注目して，よりわけてみると，$\boldsymbol{Q}$ は次のような部分集合からなっていることがわかる．

$$\begin{aligned}
\boldsymbol{Q}(1) &= \left\{\frac{n}{1};\ n = 0, \pm 1, \pm 2, \ldots\right\} \\
&= \{\ldots, -3, -2, -1, 0, 1, 2, 3, \ldots\}(= \boldsymbol{Z}) \\
\boldsymbol{Q}(2) &= \left\{\frac{n}{2};\ n = 0, \pm 1, \pm 2, \ldots\right\} \\
&= \left\{\ldots, -\frac{3}{2}, -\frac{2}{2}, -\frac{1}{2}, 0, \frac{1}{2}, \frac{2}{2}, \frac{3}{2}, \ldots\right\} \\
\boldsymbol{Q}(3) &= \left\{\frac{n}{3};\ n = 0, \pm 1, \pm 2, \ldots\right\} \\
&\cdots\cdots \\
\boldsymbol{Q}(m) &= \left\{\frac{n}{m};\ n = 0, \pm 1, \pm 2, \ldots\right\} \\
&\cdots\cdots
\end{aligned}$$

ここで $m = 1, 2, 3, \ldots$ である．$\boldsymbol{Q}(m)$ に属する有理数は，数直線上では，$\dfrac{1}{m}$ の幅で等間隔におかれた分点として表わされている．

すなわち，

$$\boldsymbol{Q} = \boldsymbol{Q}(1) \cup \boldsymbol{Q}(2) \cup \boldsymbol{Q}(3) \cup \cdots \cup \boldsymbol{Q}(m) \cup \cdots$$

となっている．

$\boldsymbol{Q}(2)$ の中で，約分すると整数となるものを除いたものを $\boldsymbol{Q}(2)'$ とし，$\boldsymbol{Q}(3)$ の中で，$\boldsymbol{Q}(1)$，$\boldsymbol{Q}(2)$ にすでに属しているものを除いたものを $\boldsymbol{Q}(3)'$ とする．一般に $\boldsymbol{Q}(m)'$ は $\boldsymbol{Q}(m)$ から，$\boldsymbol{Q}(1), \boldsymbol{Q}(2), \ldots, \boldsymbol{Q}(m-1)$ に属している有理数を除いたもの全体とする．$\boldsymbol{Q}(m)$ から $\boldsymbol{Q}(m)'$ へと移ることは，数直線の点でいえば，0 からはじまって $\frac{1}{m}$ の幅で等間隔に並んでいる分点の中で，整数点および $\frac{1}{2}, \frac{1}{3}, \ldots, \frac{1}{m-1}$ の幅で並ぶ分点と重なっているものを取り除くことに相当している．

このとき，明らかに

$$\boldsymbol{Q} = \boldsymbol{Q}(1) \sqcup \boldsymbol{Q}(2)' \sqcup \boldsymbol{Q}(3)' \sqcup \cdots \sqcup \boldsymbol{Q}(m)' \sqcup \cdots \tag{1}$$

となる．

各 $\boldsymbol{Q}(1), \boldsymbol{Q}(2)', \ldots, \boldsymbol{Q}(m)', \ldots$ はすべて可算集合である．したがって前講の結果から，次のことが示された．

有理数の集合 $\boldsymbol{Q}$ は可算集合である．

有理数の集合と積集合

有理数の集合 $\boldsymbol{Q}$ が可算であることは，次のように考えてもわかる．説明の簡単のために，正の有理数全体のつくる集合 $\boldsymbol{Q}^+$ が，可算であることを示すことにする．

自然数の集合 $\boldsymbol{N}$ の直積集合 $\boldsymbol{N} \times \boldsymbol{N}$ は，自然数の対（つい） (m, n) からなる集合であって，したがって第5講 (4) から，$\boldsymbol{N} \times \boldsymbol{N}$ は可算集合である．正の有理数を，約分した分数の形

$$\frac{n}{m} \quad (m\ \text{と}\ n\ \text{には，1 以外に共通の約数はない})$$

でかいておくと，この表わし方は一通りである．

したがって，$\frac{n}{m}$ に (m, n) を対応させることにより，$\boldsymbol{Q}^+$ から，$\boldsymbol{N} \times \boldsymbol{N}$ のある部分集合 S の上への 1 対 1 対応 φ が得られる：

$$\varphi: \quad \boldsymbol{Q}^+ \xrightarrow{1\,対\,1} S \subset \boldsymbol{N} \times \boldsymbol{N}$$

S は，$\boldsymbol{N} \times \boldsymbol{N}$ の無限部分集合として可算だから，したがってまた $\boldsymbol{Q}^+$ も可算集

合となる.

数直線上の有理点

数直線上で，有理数の目盛りをもつ点を有理点という．P と Q が有理点ならば，P と Q の中点 R もまた有理点である．なぜなら，点 P が表わす有理数を r，点 Q が表わす有理数を r' とすると，R の目盛りは

$$\frac{r+r'}{2}$$

であって，これはまた有理数だからである．

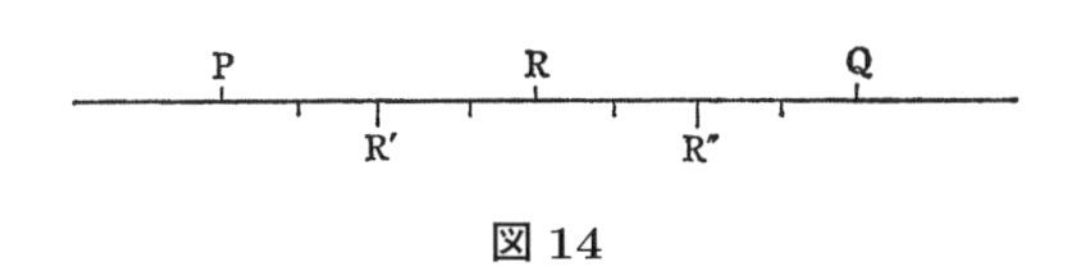

図 14

図 14 からもわかるように，このことからまた，P と R の中点 R′，R と Q の中点 R″ もまた有理点となる．これをくり返していくと，P と Q の間に，すき間のないくらい，ぎっしりと有理点が存在していることがわかる．

P と Q は，どこの有理点をとってもよいのだから，結局，数直線からどんな短い線分を取り出してみても，必ずその線分の中に，有理点が (実は無限に) 含まれているわけである．この事実を，有理点は数直線上に稠密に存在するといい表わす．

有理点は稠密に存在しているが，数直線上にある点全体からみれば，実は，有理点はまばらにしか存在していないと数学者は感じている．この‘まばら’という感じは，稠密に存在しているという感じと相反するようであるが，それは無限に存在する有理点の状態を，日常の言葉を用いて表現しているからである．ここでは有理点の全体は，等間隔に並ぶ点を順次数え上げていくことでつくされるという状況を想像することによって，‘まばら’といった言葉の響きを少しは感じとってもらえるのではなかろうか．

互いに重なり合わない線分のつくる集合

有理点の全体が，数直線上に稠密に存在して，かつ可算であるということは，

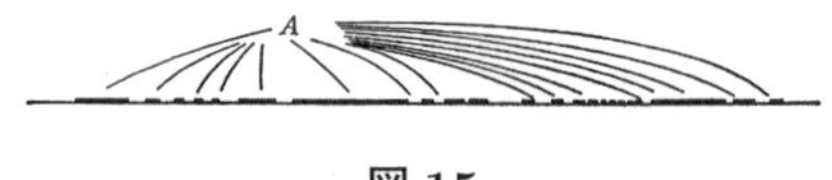

図 15

いろいろなことを示すのに用いられる．

たとえば，図 15 のように，数直線上で，互いに重なり合わない線分の集りが与えられたとする．この線分の 1 つ 1 つを元と考えた集合を A とする．

集合 A は高々可算集合である．

【証明】　A に属する線分 I を 1 つとる．有理点の集合 $\boldsymbol{Q}$ は稠密だから，

$$\boldsymbol{Q} \cap I \neq \phi$$

である．したがって $\boldsymbol{Q}$ の分解 (1) を考えると，

$$\boldsymbol{Q}(1) \cap I = \phi, \quad \boldsymbol{Q}(2)' \cap I = \phi, \quad \ldots, \quad \boldsymbol{Q}(m-1)' \cap I = \phi$$

であるが

$$\boldsymbol{Q}(m)' \cap I \neq \phi$$

となる m が存在する．($m = 1$ かもしれない．このときは $\boldsymbol{Q}(1) \cap I \neq \phi$ である．) このとき線分 I の中には $\dfrac{n}{m}$ の形の有理点が少くとも 1 つは含まれる．ちょうど 1 つのときはこの有理点を r_I とし，そうでないときはこの形の有理点の中で，I の中で一番左にあるものを r_I とする．

このようにして，A に属する各線分 I に対して，有理点 r_I を対応させることができる．A に属する 2 つの線分 I, J に対して，$I \neq J$ ならば $I \cap J = \phi$ で，一方 $r_I \in I$，$r_J \in J$ だから，$r_I \neq r_J$ である．したがって I に対して r_I を対応させる対応は，A から，$\boldsymbol{Q}$ のある部分集合 S の上への 1 対 1 対応 ψ を与える：

$$\psi: \quad A \xrightarrow{1\text{ 対 }1} S \subset \boldsymbol{Q}$$

S は $\boldsymbol{Q}$ の部分集合として高々可算だから，A もまた高々可算な集合となる．　■

代数的な数全体のつくる集合

$\sqrt{2}$ や $\sqrt{3}$ は有理数でないことは知られているが，それぞれは 2 次方程式

$$x^2 - 2 = 0, \quad x^2 - 3 = 0$$

の解になっている．$\sqrt[3]{2} + 2$ も有理数ではないが，3 次方程式

$$(x-2)^3 - 2 = x^3 - 6x^2 + 12x - 10 = 0$$

の解になっている．

このように，一般に整数を係数とする代数方程式

$$a_0x^n + a_1x^{n-1} + a_2x^{n-2} + \cdots + a_n = 0 \quad (a_0 \neq 0) \tag{2}$$

の解となっている数を，代数的な数という．$n = 1$ の場合，すなわち 1 次方程式の解となる代数的な数は，ちょうど有理数である．実際 $a_0x + a_1 = 0 \Longleftrightarrow x = -\frac{a_1}{a_0}$ である．したがって代数的な数全体のつくる集合は，有理数の集合 $\boldsymbol{Q}$ を部分集合として含んでいる．

方程式 (2) の解となる代数的な数を n 次の代数的な数ということにすれば，代数的な数の集合は，1 次，2 次，$\ldots$，n 次，$\ldots$ の代数的な数の和集合となっている．このことと，1 次の代数的な数の全体 $\boldsymbol{Q}$ が可算集合であることに注意すると，次の結果が成り立つことが予想されるだろう．

> 代数的な数全体のつくる集合は可算集合である．

この証明の要点は，代数方程式 (2) に対して

$$h = n + |a_0| + |a_1| + \cdots + |a_n|$$

という数を考えることにある．h を (2) の高さというが，高さ h を与えたとき，この高さをもつ代数方程式は有限個である．たとえば $h = 5$ とすれば，少くとも方程式の次数は 5 以下で，係数の絶対値も 5 以下でなくてはならない．1 つの代数方程式は，有限個の解しかもたないから，結局，高さ h の代数方程式の解の個数は有限個である．$h = 1, 2, \ldots$ と動かすと，代数的な数全体が得られるのだから，したがって代数的な数全体のつくる集合は，可算である．

第 8 講

実数の構造——小数展開

テーマ

- 10 進法と小数
- 無限小数展開
- 無限小数展開と数直線上の点
- 数直線と実数
- (Tea Time) デデキントの切断

10　進　法

私たちは，ふつう 10 進法を用いて数を表わしている．たとえば

10.561　とか　121.863401

などである．数直線を用いて，この使いなれた 10 進法を，もう一度よく見直しておきたい．私たちに特に関心のあるのは，小数点以下のところに続く展開の状況である．そのためには，あまり大きい数まで考える必要もないので，考える数の範囲を 0 と 1 の間に限っておくことにする．

数直線の 0 と 1 の間を 10 等分し，得られた区間を左から順に $J_0, J_1, \ldots, J_9$ とおく．もう少し正確にいうと，区間 $[0,1) = \{x \mid 0 \leqq x < 1\}$ を 10 等分し，

$$J_0 = [0,\ 0.1),\quad J_1 = [0.1,\ 0.2),\quad \ldots,\quad J_9 = [0.9,\ 1)$$

とおく．(区間を表わす記号 $[a,b)$ では，左の端点 a は区間の中に含まれているが，右の端点 b は区間の中に含まれていないことを示している．)

このとき，小数の意味を考えてみても，あるいは物差しの目盛りのことを思い出してみても，すぐわかるように

J_0 に含まれている数は，$0.0\cdots$ と表わされ，

J_1 に含まれている数は，$0.1\cdots$ と表わされ，

$\cdots\cdots$

J_9 に含まれている数は，$0.9\cdots$ と表わされる．

次に，J_0 から J_9 までの中の 1 つの区間，たとえば，区間 J_3 に注目することにして，J_3 をまた 10 等分して，左から順にこの区間を

$$J_{30},\quad J_{31},\quad \ldots,\quad J_{39}$$

とおく．たとえば $J_{32} = [0.32, 0.33)$ である．

このとき

J_{30} に含まれている数は，$0.30\cdots$ と表わされ，
J_{31} に含まれている数は，$0.31\cdots$ と表わされ，
$\cdots\cdots$
J_{39} に含まれている数は，$0.39\cdots$ と表わされる．

さらに，たとえば区間 J_{35} に注目して，J_{35} を 10 等分して，同様に進めていけば，今度は

J_{350} に含まれている数は，$0.350\cdots$ と表わされ，
J_{351} に含まれている数は，$0.351\cdots$ と表わされ，
$\cdots\cdots$
J_{359} に含まれている数は，$0.359\cdots$ と表わされる．

このようにして，小数点以下の桁数が 1 つずつ増えるたびに，その数のある範囲が，前よりは，$\frac{1}{10}$ の小さい範囲へと限定されてくる．

無限小数展開

小数点の桁数がどんどん増えて，たとえば

$$0.358201362274501$$

のようになると，図 16 のような図を次から次へと用意していかないと，この小数を数直線上に図示できなくなってくる．上の小数は，小数点以下 15 桁だから，15 回，区間 $[0, 1)$ の 10 等分の細分をくり返した末に，現われた区間 $J_{358201362274501}$

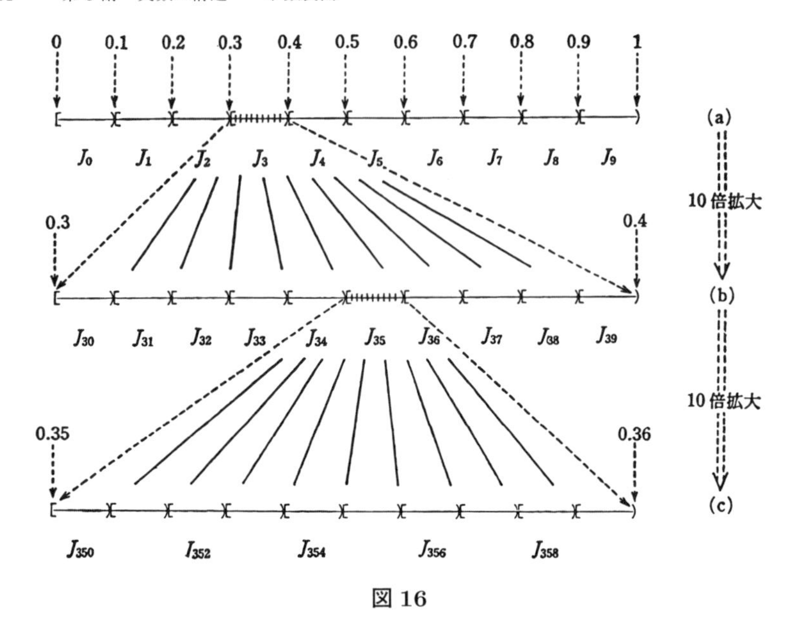

図 16

の左側の端点として，この数が，数直線上に表現されていることを示している．

想像力を働かせてこの状況を思いやってみても，何か気の遠くなるような話である．

しかし，この話は，もっと先へと続けていかなくてはならない．

上に書いた小数は，15 回目の細分で，首尾よく，一つの細分区間の左端に乗ったが，区間 $[0,1)$ の中のある点をとったとき，もしこの点がどこまでいっても，細分区分の左端の点と一致しなければ，この点を表わす小数展開はどこまでもどこまでも続いていくことになるだろう．小数点以下 n 位までの値が求められれば，この点は，$\dfrac{1}{10^n}$ の長さの，ある小さな区間の中にあることまでは限定できる．だが，この点が，この細分区間の左端に一致しなければ，さらに 10 等分をくり返して，この点のあり場所を限定していかなくてならないだろう．そしてこのことが，小数点の桁数を n から $n+1$ へと上げていくことに対応している．

たとえば，$\dfrac{1}{3}$ を表わす数直線上の点を P とすると

$$\frac{1}{3} = 0.333\cdots33\cdots$$

だから，点 P は，どんなに上のように区間の細分をくり返していっても，つねに左から 4 番目にある区間の中の (左から) $\frac{1}{3}$ の場所にあって，決して区間の端点とは一致しない．そしてどこまでもこれと同じ状況が続いていく．

もちろん，$0.333\cdots33\cdots$ という無限小数は，有限小数の系列

$$a_1 = 0.3, \quad a_2 = 0.33, \quad a_3 = 0.333, \quad \ldots$$

の近づく先となっている．数直線上でいえば，a_1 は区間 J_3 の左端の点であり，a_2 は J_{33} の左端の点，a_3 は J_{333} の左端の点となっている．このような細分区間の左端の点が，しだいに $\frac{1}{10^n}$ の間隔で間を狭めながら，密集していった極限として，点 P が表わされている．

しかし，数学の立場では $\frac{1}{3}$ だけを特別扱いする必要もないだろう．任意に

$$0.7, \quad 0.71, \quad 0.715, \quad 0.7155, \quad 0.71556, \quad \ldots$$

のような，小数点の桁数が増えていく有限小数の系列が与えられれば，この近づく先の極限の点が，数直線上にやはり存在すると考えるのは，むしろ自然のこととなってくる．

このようにして，無限小数

$$0.\alpha_1\alpha_2\alpha_3\cdots\alpha_n\cdots$$

(α_i は 0 から 9 までの自然数) と，この無限小数を表わす数直線上の点が存在するという考えが数学の中に確定してきた．

$\mathbf{0.999\cdots99\cdots = 1}$

$a_1 = 0.9$，$a_2 = 0.99$，$a_3 = 0.999, \ldots$ という有限小数の系列は，どこに近づき，どのような数を表わしていると考えたらよいだろうか．これらの数を表わす数直線上の点は，区間 $J_9, J_{99}, J_{999}, \ldots$ の左端の点であって，明らかにこの点列は，1 へと近づいていく．したがって，近づく極限を，無限小数の値としたのだから，

$$0.999\cdots99\cdots = 1$$

となる．

同じように考えると

$$0.2 = 0.1999\cdots99\cdots$$

$$0.563 = 0.562999\cdots99\cdots$$

である．

このようにして，有限小数は無限小数によってかき表わすことができる．

実数と数直線

小数を用いて

$$\alpha.\alpha_1\alpha_2\alpha_3\cdots\alpha_n\cdots$$

と表わされる数を実数という．ここで α は整数で，$\alpha_1, \alpha_2, \ldots, \alpha_n, \ldots$ は，0 から 9 までの自然数とする．ただし，ある番号から先に 0 が続く——有限小数——

$$\alpha.000\cdots00\cdots \qquad (\alpha \neq 0)$$

$$\alpha.\alpha_1\alpha_2\alpha_3\cdots\alpha_{n-1}0\cdots \qquad (\alpha_{n-1} \neq 0)$$

は，それぞれ

$$\alpha > 0 \quad \text{のとき} \quad (\alpha-1).999\cdots99\cdots$$

$$\alpha \geqq 0 \quad \text{のとき} \quad \alpha.\alpha_1\alpha_2\alpha_3\cdots(\alpha_{n-1}-1)\,999\cdots9\cdots$$

と同じ数を表わすとする．$\alpha < 0$ のときは，たとえば

$$-1 = -0.999\cdots9\cdots$$

のように，正の場合の同一項の両辺にマイナス記号をつけたものとする．

$$0 = 0.00\cdots0\cdots$$

の場合は例外的であって，無限小数としての表わし方はこの一通りである．

相異なる実数は，数直線上の相異なる 2 点を表わしている．また，数直線上の点には，必ず 1 つの実数が対応していると考える．

以下，数直線というときには，このように，1 つ 1 つの数直線上の点が，ある実数を表わしていると考えるものとする．時には，点と，その点が表わしている実数を，区別しないで，同じものと見なして，考えることもある．

Tea Time

質問　デデキントという数学者によってはじめて考えられたという，‘実数の連続性’を聞いたことがあります．それによりますと，実数は，上の組，下の組と

2つの組にわけ，上の組に属する数は，下の組に属するどの数よりも大きいとする；そのとき次の2つの場合のどちらか一方だけが必ずおきる：

(1)　上の組に最小数があるが，下の組に最大数はない．

(2)　下の組に最大数があるが，上の組に最小数はない．

この‘実数の連続性’を，いまのような無限小数の立場で述べると，どういうことになるのでしょうか．

答　前の説明に合わすために，上の組に属する数も，下の組に属する数も，ともに区間 $[0, 1)$ の中に存在している場合を考えることにする．

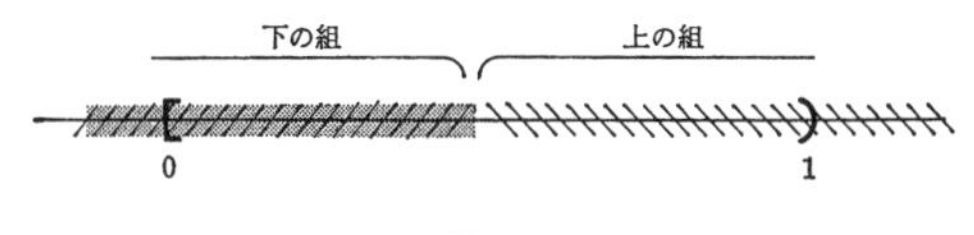

図 17

区間 $[0, 1)$ を最初に10等分して得られる区間 $J_0, J_1, \ldots, J_9$ の中に，必ずただ1つの区間が存在して，たとえばそれを J_5 とすると，J_5 の中には，上の組と下の組の数が同時に含まれている．

もし，J_5 でこの状況がおきていれば，J_0, J_1, J_2, J_3, J_4 は下の組に属する数だけからなるし，J_6, J_7, J_8, J_9 は上の組に属する数だけからなる．

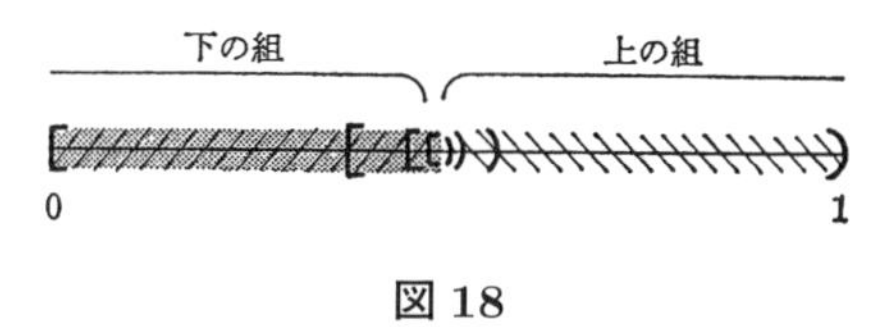

図 18

次の J_5 の細分でも同様のことがおきて，J_{50} から J_{59} の中の1つ，たとえば J_{51} の中に上の組と下の組の数が同時に含まれる．J_{51} の細分でも同様のことがおきて，上の組の数と，下の組の数を同時に含む区間の列，たとえば

$$J_5 \supset J_{51} \supset J_{517} \supset J_{5173} \supset \cdots$$

のようなものが得られる．このとき無限小数

$$0.5173\cdots$$

で表わされる実数 γ は，ちょうど上の組と下の組の切断を与える数となっている．

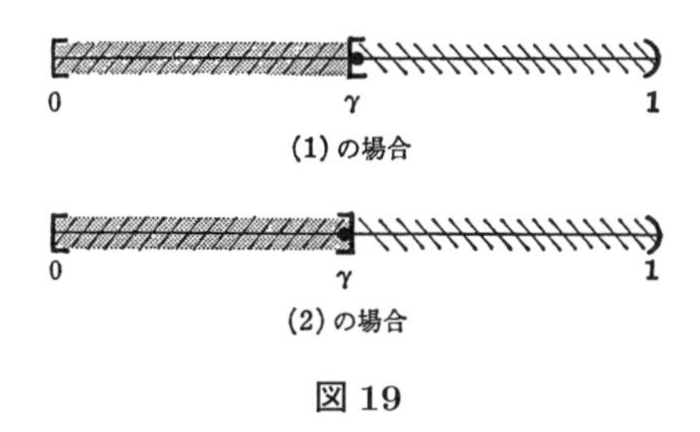

図 19

もしこの γ が上の組に属してい

れば，γ は上の組の最小数である．このとき

$$0.5, \quad 0.51, \quad 0.517, \quad 0.5173, \quad \ldots$$

は下の組に属して，いくらでも γ に近づけるから，下の組に最大数はない．すなわち，'実数の連続性' の (1) の場合が生じている．

もし，この γ が下の組に属していれば，γ は下の組の最大数である．このとき

$$0.6, \quad 0.52, \quad 0.518, \quad 0.5174, \quad \ldots$$

は上の組に属して，いくらでも γ に近づけるから，上の組に最小数はない．すなわち，'実数の連続性' の (2) の場合が生じている．

図を参照しながら，自分で少し考えてみると，デデキントが '実数の連続性' でどのような性質を述べようとしたかがわかるだろう．

第 9 講

2 進法，3 進法，...

テーマ

◆ 2 進法
◆ 2 進法による無限小数
◆ 3 進法
◆ 3 進法による無限小数
◆ カントル集合
◆ $0 \leqq x < 1$ を満たす実数 x の‘自然数展開’

2　進　法

実数は，10 進法による小数展開によって表わすことができたが，同じように考えれば，実数は，0 と 1 しか現われない 2 進法による小数展開によって表わすこともできる．

このことを説明するため，簡単のために区間 $[0,1)$ に属する実数だけを考えることにする．前講で，区間 $[0,1)$ を 10 等分して区間 $J_0, J_1, \ldots, J_9$ を作った代りに，今度は，区間 $[0,1)$ を 2 等分して，区間 $J_0{}'$，$J_1{}'$ をつくる：

$$J_0{}' = \left[0, \frac{1}{2}\right), \quad J_1{}' = \left[\frac{1}{2}, 1\right)$$

$J_0{}'$ と $J_1{}'$ に属する数には，小数点以下第 1 位に現われる数として，それぞれ 0 と 1 を割りふっておく．

次に，$J_0{}'$，$J_1{}'$ をそれぞれ 2 等分して，区間

$$J_{00}{}', \quad J_{01}{}', \quad J_{10}{}', \quad J_{11}{}'$$

をつくる．そして

$J_{00}{}'$に属している数には，0.00 を割りふり，
$J_{01}{}'$に属している数には，0.01 を割りふり，
$J_{10}{}'$に属している数には，0.10 を割りふり，

$J_{11}{}'$ に属している数には，0.11 を割りふる．

以下，同様の操作を，10 進法の場合と同じようにくり返していくことにより，一般的には，極限の状態で，区間 $[0,1)$ に属する任意の実数は

$$0.\beta_1\beta_2\beta_3\cdots\beta_n\cdots$$

と表わされる．ここで $\beta_1,\beta_2,\beta_3,\ldots,\beta_n,\ldots$ は 0 か 1 かいずれかの値しかとらない．これを実数の2 進展開という．

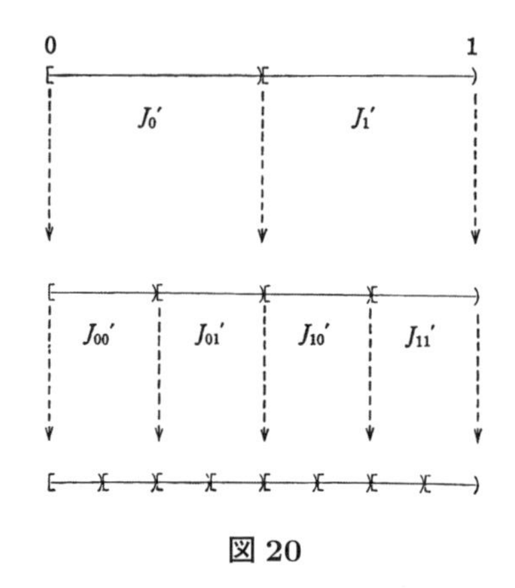

図 20

10 進法による展開と同じように，細分していくとき現われる区間の左端の点 $(\neq 0)$ は，有限小数と無限小数とによる 2 通りの表わし方がある．たとえば

$$0.01011 = 0.010101111\cdots$$

3　進　法

区間 $[0,1)$ を 3 等分して，左から順にこの区間を

$$I_0,\quad I_1,\quad I_2$$

とし，以下くり返し，これらの区間の 3 等分を行なっていく．この操作に対応して，区間 $[0,1)$ に属する数の 3 進小数による展開が得られてくる．

3 進小数による実数の表示で，用いられる数字は 0, 1, 2 の 3 つである．図 21 で，点 P は 0.12 を表わす点である．また点 Q は 0.022，点 R は 0.121 を表わす点である．一般には $[0,1)$ に属する数は

$$0.1011212201002\cdots$$

のように無限小数で表わされる．

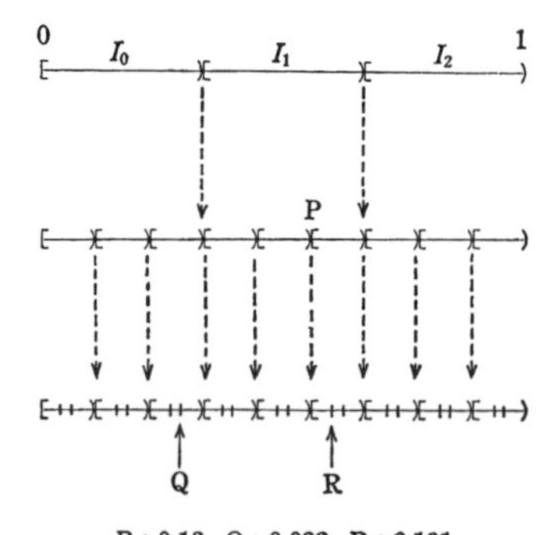

図 21

ここでも各区間の左端に現われる点 $(\neq 0)$

には，有限小数と無限小数による 2 通りの表示がある．たとえば I_1 の左端に現われる点は

$$0.1 = 0.0222\cdots$$

と表示される．

カントル集合

区間 $[0,1] = \{x \mid 0 \leqq x \leqq 1\}$ を考える．$[0,1]$ から，まず開区間

$$\left(\frac{1}{3}, \frac{2}{3}\right)$$

を取り除く．そのとき残った集合は区間 $[0,1]$ から真中の $\frac{1}{3}$ の部分がぬけて，2 つの区間からなるが，このそれぞれの区間の真中の $\frac{1}{3}$ の部分 (長さにして $\frac{1}{3^2}$ の区間) を再び取り除く．すなわち，この第 2 段階で取り除かれる区間は

$$\left(\frac{1}{3^2}, \frac{2}{3^2}\right) \text{と} \left(\frac{7}{3^2}, \frac{8}{3^2}\right)$$

である．

残されたそれぞれの区間から，また真中にある $\frac{1}{3}$ の部分 (長さにして $\frac{1}{3^3}$ の区間) を除く．これは第 3 段階の操作である．

この操作を次から次へと続けていくのだが，この各段階での操作は，図 22 を見た方がわかりやすい．

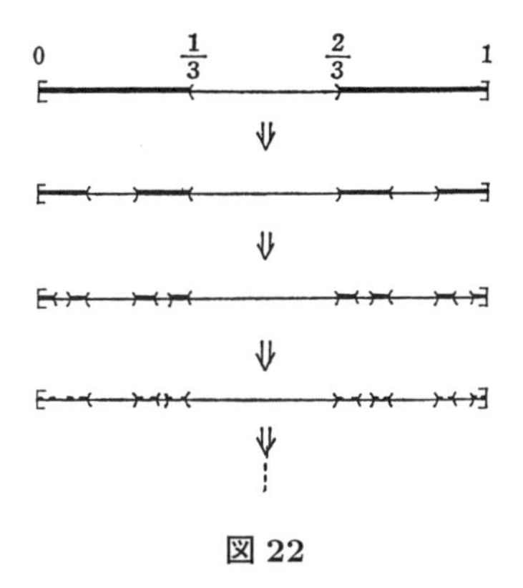

図 22

区間 $[0,1]$ から，このようにして開区間をどんどん取り除いていったとき，最後まで除かれないで残った点全体のつくる集合を，カントル集合という．

カントル集合を生成する各段階の操作は図示することはできても，カントル集合そのものを図示することはできない．カントル集合は，$[0,1]$ の中でみる限り，まるで隙間だらけなのである．眼で見て確かめられないのだから，カントル集合に属する点は本当にたくさんあるのだろうかという疑問が当然生じてくる．実は，カントル集合はたくさんの点を含んでいる．すなわち，次のことがいえ

る．

> カントル集合に属する実数は，区間 $[0,1]$ の数を，3 進小数で書き表わしたとき，0 と 2 だけで書き表わせる実数全体からなる．

このことをみるには，取り除かれた集合は，ちょうど実数を 3 進小数展開していく過程で，小数展開に 1 を割りふっていく場所となっていることに注意しさえすればよい．ただし，取り除かれた区間の中には，左端の点は含まれていなかった．たとえば I_1 の左端の点は，取り除かれずに残って，カントル集合に属している．しかしこの点は，前の注意のように $0.1 = 0.0222\cdots$ と表わされているから，問題ないのである．

区間 $[0,1)$ に属する実数の‘自然数展開’

以下で述べることは，実数の集合というものが，いかに複雑な様相をもつものかということを感じとってもらうための，一つのエッセーである．

区間 $[0,1)$ を，次のように可算個の区間の直和集合として表わす：

$$[0,1) = \left[0, \frac{1}{2}\right) \sqcup \left[\frac{1}{2}, \frac{2}{3}\right) \sqcup \left[\frac{2}{3}, \frac{3}{4}\right) \sqcup \cdots \sqcup \left[\frac{n-1}{n}, \frac{n}{n+1}\right) \sqcup \cdots \tag{1}$$

この分割に対応して，区間 $[0,1)$ に属する数 x の小数点第 1 位の所に $0, 1, 2, \ldots, n, \ldots$ を割りふる．すなわち

$\left[0, \frac{1}{2}\right)$ に属する数には，0.0 を割りふり，

$\left[\frac{1}{2}, \frac{2}{3}\right)$ に属する数には，0.1 を割りふり，

$\left[\frac{2}{3}, \frac{3}{4}\right)$ に属する数には，0.2 を割りふり，

$\cdots\cdots$　　$\cdots\cdots$　　$\cdots\cdots$

$\left[\frac{n-1}{n}, \frac{n}{n+1}\right)$ に属する数には，$0.(n-1)$ を割りふり，

$\cdots\cdots$　　$\cdots\cdots$　　$\cdots\cdots$

というようにする．

さて，(1) の右辺に現われた各々の区間は，区間 $[0,1)$ を相似写像で縮小するこ

とによって得られている．たとえば

写像 $x \longrightarrow \frac{1}{2}x$ により

$$[0,1) \longrightarrow \left[0, \frac{1}{2}\right) \quad \left(\frac{1}{2} \text{ の縮小}\right)$$

写像 $x \longrightarrow \frac{1}{6}x + \frac{1}{2}$ により

$$[0,1) \longrightarrow \left[\frac{1}{2}, \frac{2}{3}\right) \quad \left(\frac{1}{6} \text{ の縮小}\right)$$

等である．

$[0,1)$ の分割 (1) は，これらの相似写像によって，(1) の右辺に現われたそれぞれの区間，$\left[0, \frac{1}{2}\right)$，$\left[\frac{1}{2}, \frac{2}{3}\right)$，... の上の分割へと，うつされている．すなわち，それぞれの区間が，再び可算個の区間へと分割されていく．この状況は，10 進法，2 進法，3 進法の場合に述べたものと似通っている．違う点は，前に述べた場合は等分点による分割が順次くり返されていったのに，今度は，分割 (1) を標準的な形として，これを相似写像によってうつしていることである．

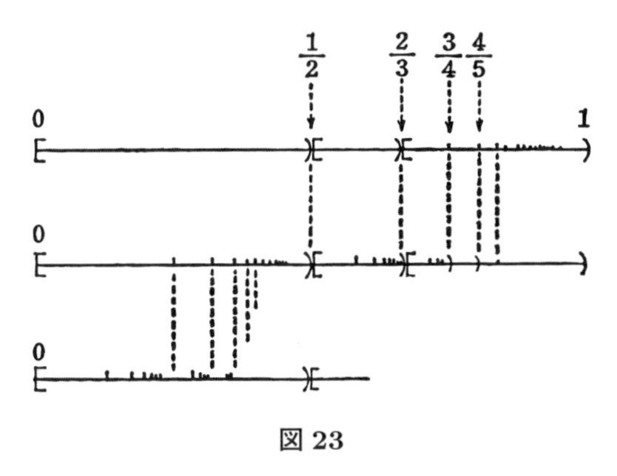

図 23

この違う点だけを除けば，分割 (1) を相似写像によってうつすことによって，第 2 段階，第 3 段階，... と，得られた区間を次から次へと分割していくことができるだろう．分割は常に，可算無限個の分割である．

この各細分の段階において，順次，小数点以下に $0, 1, 2, \ldots, n, \ldots$ のどれか 1 つを割りふっていくことにより，任意の実数 x $(0 \leqq x < 1)$ に対して，いわば‘自然数進法’による小数展開というべきものが得られてくる：任意の実数 x $(0 \leqq x < 1)$ は，ただ 1 通りに

$$x = 0.n_1 n_2 n_3 \cdots n_k \cdots \tag{2}$$

と表わされる．ここで各 n_k は $0, 1, 2, \ldots$ のどれか 1 つの値をとる．

逆に，$0.n_1n_2n_3\cdots n_k\cdots$ という表現が任意に与えられれば，それによって区間 $[0,1)$ の中のある 1 点が確定する．

いま

$$n_k = 10^k$$

にとったとき，(2) はどのような実数を表わしているのだろうか．また

$$n_k = k!$$

にとったとき，(2) はどのような実数を表わしているのだろうかと想像してみると，隠されている謎めいた実数の素顔がのぞいてくるようである．

また，$\{0,1,2,\ldots,n,\ldots\}$ の部分集合 S が与えられたとき，

$$\tilde{S} = \{x \mid x = 0.n_1n_2\cdots n_k\cdots;\quad n_k \in S\quad (k=1,2,\ldots)\}$$

とおくと，$\tilde{S}$ は一種のカントル集合のようなものであるが，これは $[0,1)$ のどのような部分集合となるのだろうか．実数のもつ謎は深いのである．

Tea Time

カントル集合のもつ 1 つの性質

カントル集合は，その構成を数直線で追う限りでは，霞のような，あるかないかはっきりしない集合にみえるが，実際は，非常に多くの実数を含んでいる妙な集合である．カントル集合に関する次のシュタインハウスの結果も，やはり奇妙で，興味を惹く．

> $0 \leqq a \leqq 2$ をみたす任意の実数 a は，カントル集合に属する適当な 2 つの実数 x, y をとることにより
>
> $$x + y = a$$
>
> と表わすことができる．

【証明 (概略)】 カントル集合を C とする．C は $[0,1]$ の部分集合だから，座標平面上で，直積

$$C \times C = \{(x,y) \mid x \in C,\ y \in C\}$$

をつくると，$C\times C$ は，正方形 $[0,1]\times[0,1]$ の部分集合となる．$C\times C$ は，$[0,1]\times[0,1]$ から，カントル集合をつくるときに除いた開区間と $[0,1]$ の直積を除いたものとし

て得られている．(図 24 で，斜線の部分 (境界は含まれていない) が除かれた部分の一部を示している．) 容易に確かめられるように，

$$x + y = a \quad (0 \leqq a \leqq 2)$$

という式で与えられる直線は，$[0,1] \times [0,1]$ を斜めに横切るとき，必ず，どこか斜線に属しない点を通っている．このことは，上の結果が成り立つことを示している．

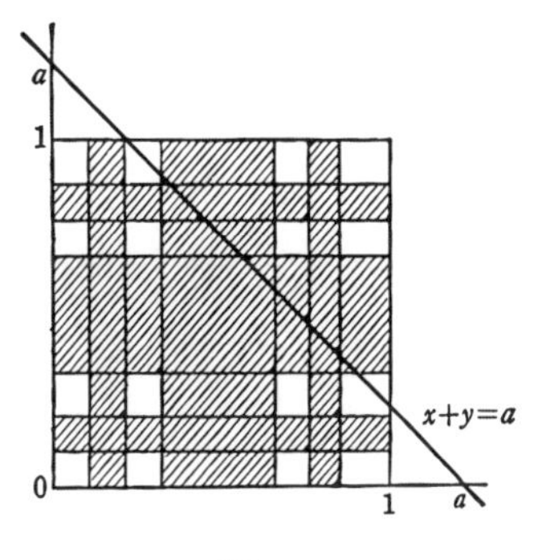

図 24

第 10 講

実 数 の 集 合

テーマ
- ◆ 実数の集合 $\boldsymbol{R}$ は可算集合でない.
- ◆ 対角線論法
- ◆ 連続体の濃度 $\aleph$
- ◆ 無限集合と高々可算集合の直和
- ◆ 無理数のつくる集合
- ◆ 連続体の濃度をもつ集合の例
- ◆ (Tea Time) 超越数の集合

実数の集合 $\boldsymbol{R}$

実数全体のつくる集合を $\boldsymbol{R}$ とする．実数と数直線上の点とは 1 対 1 に対応しており，私たちはこの 2 つを同一視しているのだから，$\boldsymbol{R}$ は，数直線上の点全体のつくる集合といっても同じことである．

前講の終りで述べたことから，読者は，$\boldsymbol{R}$ は，有理数の集合 $\boldsymbol{Q}$ と違って，何か重厚で，底知れない対象であるような感じをもたれたのではなかろうか．

実際，次の定理は，この感じのいくらかを確かめることになっている．

【定理】 実数の集合 $\boldsymbol{R}$ は可算集合ではない．

この証明を与える前に，開区間 $(0,1)$ に属する点全体の集合を $\boldsymbol{R}(0,1)$ と表わすと，$\boldsymbol{R}$ と $\boldsymbol{R}(0,1)$ は 1 対 1 に対応し，したがって同じ濃度をもつことに注意しよう．実際，写像

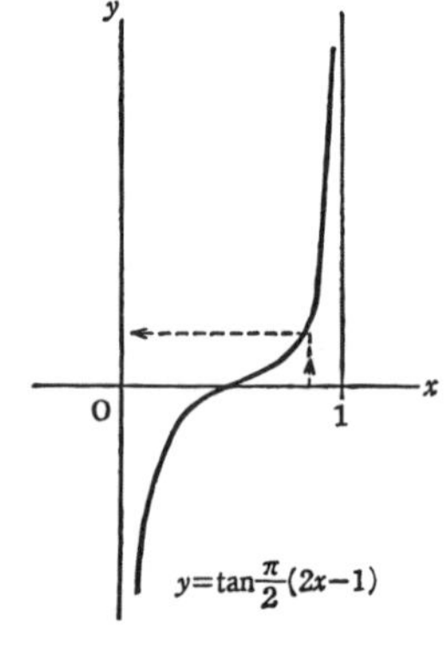

図 25

$$x \longrightarrow \tan\frac{\pi}{2}(2x-1)$$

は，$\boldsymbol{R}(0,1)$ から $\boldsymbol{R}$ の上への 1 対 1 写像を与えている (図 25 参照)．したがって定理を示すには，次のことが成り立つことを示すとよい．

集合 $\boldsymbol{R}(0,1)$ は可算集合ではない．

対角線論法

このことの証明に，カントルは 1874 年に最初に示したときには，区間縮小法に基づく背理法を用いたが，後に有名な対角線論法を適用した．ここではこの対角線論法を紹介しよう．この論法は背理法から出発する．

いま，$\boldsymbol{R}(0,1)$ は可算集合と仮定する．そのとき，$0 < x < 1$ をみたすすべての実数は，$\boldsymbol{N}$ と 1 対 1 に対応し，したがって，番号をつけて

$$\boldsymbol{R}(0,1) = \{x_1, x_2, x_3, \ldots, x_n, \ldots\}$$

と並べることができる．各 x_n を無限小数に展開し

$$\begin{aligned}
x_1 &= 0.\alpha_1\alpha_2\alpha_3\cdots\alpha_n\cdots \\
x_2 &= 0.\beta_1\beta_2\beta_3\cdots\beta_n\cdots \\
x_3 &= 0.\gamma_1\gamma_2\gamma_3\cdots\gamma_n\cdots \\
&\cdots\cdots \\
x_n &= 0.\mu_1\mu_2\mu_3\cdots\mu_n\cdots \\
&\cdots\cdots
\end{aligned}$$

とする．このとき，次のような無限小数 $\tilde{x}$ をとってみる．

$$\tilde{x} = 0.\omega_1\omega_2\omega_3\cdots\omega_n\cdots$$

ここで $\omega_1, \omega_2, \omega_3, \ldots, \omega_n, \ldots$ は，0 でも 9 でもなくて，かつ，$\omega_1 \neq \alpha_1$，$\omega_2 \neq \beta_2$，$\omega_3 \neq \gamma_3$，…，$\omega_n \neq \mu_n$，… をみたしているとする．(たとえば α_1 が 3 ならば，ω_1 は 4 でよいし，β_2 が 8 ならば，ω_2 は 2 でよい．) この $\tilde{x}$ は，確かに 0 と 1 の間の実数を表わしており，したがって $\tilde{x} \in \boldsymbol{R}(0,1)$ であるが，$\tilde{x}$ は，$x_1, x_2, \ldots, x_n, \ldots$ のどれとも一致しない．なぜなら，$\tilde{x}$ と x_1 は小数点第 1 桁目が違っており，$\tilde{x}$ と x_2 は小数点第 2 桁目が違っており，一般に $\tilde{x}$ は x_n と小数点第 n 桁目が違ってい

るからである．これは明らかに矛盾である．したがって $\boldsymbol{R}(0,1)$ は可算集合ではない．

連続体の濃度

上の定理によって，実数の集合は可算集合でないことがわかった．実数の集合 $\boldsymbol{R}$ は，自然数の集合 $\boldsymbol{N}$ に比べて，はるかに多くの元を含む集合なのである．

【定義】　実数の集合 $\boldsymbol{R}$ は，連続体の濃度 $\aleph$ をもつという．

このようにして，有限の基数 $1, 2, 3, \ldots, n, \ldots$ のほかに，さらに無限の基数——濃度——$\aleph_0$ と $\aleph$ が存在することになった．

私たちは，ふつう，無限とは，有限でないものと漠然と考えており，無限の中にさらにいくつかの階層があるとは思っていない．'無限' という言葉が，日常的な感覚を離れて，私たちの思考の確実な対象となるのは，数学という学問が，長い間築き上げてきた形式の中だけであるが，この数学の形式の中でさえ，無限には，$\aleph_0$ とは別な $\aleph$ という階層があるということを見出したことは，驚くべき発見であった．この発見は，カントルによるのである．

無限集合と高々可算集合の直和

連続体濃度をもつ集合の例を挙げる前に，次の一般的な命題を述べておく方がつごうがよい．

(*)　M を無限集合，A を高々可算集合とする．このとき M と $M \sqcup A$ の間には，1 対 1 の対応があり，したがって，この 2 つの集合の濃度は等しい．

【証明】　M から 1 つの元 b_1 をとる．$M - \{b_1\}$ は空集合でないから，この中から 1 つの元 b_2 をとることができる．以下同様にして，M から元 $b_1, b_2, \cdots, b_n$ をとったとき，残りの集合 $M - \{b_1, b_2, \ldots, b_n\}$ からさらに 1 つの元 b_{n+1} をとることができる．M は無限集合だから，この操作はどこまでも続けられる．そこで

$$B = \{b_1, b_2, \ldots, b_n, \ldots\}$$

とおくと，B は M の部分集合であって，かつ可算集合である．第 6 講を参照すると，可算集合と可算集合の和は (したがって，当然，可算集合と有限集合の和

は) 可算だから，直和集合 $B \sqcup A$ は可算集合である．

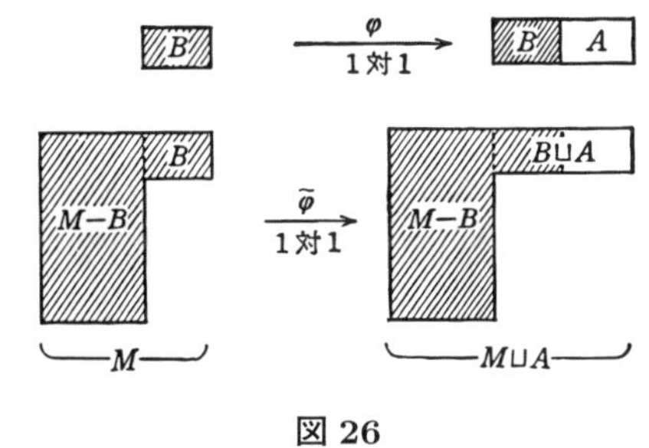

図 26

したがって B と $B \sqcup A$ は，ある写像 φ によって 1 対 1 に対応している．このとき，写像

$\tilde{\varphi} : (M-B) \sqcup B \longrightarrow (M-B) \sqcup B \sqcup A$

を，$x \in M-B$ のときは，$\tilde{\varphi}(x) = x$; $x \in B$ のときは，$\tilde{\varphi}(x) = \varphi(x)$ と定義する．$\tilde{\varphi}$ は明らかに 1 対 1 写像である．この左辺，右辺に現われる集合は

$$M = (M-B) \sqcup B, \quad M \sqcup A = (M-B) \sqcup B \sqcup A$$

であることに注意すると，これで命題が証明された． ∎

この証明を読んでみると，無限集合 M の中には，必ず可算集合 B がとれるということが，証明の要点であることがわかる．B の存在は，上の証明からもわかるように，全く自明のようであるが，実はここで私たちは選択公理というものを暗に仮定し，それを使っていたのである．この論点は微妙で，また‘無限’に関する深い洞察を必要とする．選択公理については，第 27 講で詳しく論ずることにする．(なお，第 28 講も参照．)

なお，この命題は，すぐこのあとで，M が無理数の集合のときに用いるが，このような具体的な集合のときには，M の中に可算集合 B があることは，たとえば，B として

$$B = \{\sqrt{2},\ 2\sqrt{2},\ 3\sqrt{2},\ 4\sqrt{2},\ \ldots,\ n\sqrt{2}, \ldots\}$$

をとればよいから問題は何もないのである．

無理数全体のつくる集合

有理数でない実数を無理数という．たとえば，$\sqrt{2}$，$\sqrt[3]{3}$，$\sqrt[5]{2}-\sqrt{3}$ などは無理数であり，また円周率 π も無理数であることが知られている．無理数全体のつくる集合を K とすると，実数の集合 $\boldsymbol{R}$ は

$$\boldsymbol{R} = K \sqcup \boldsymbol{Q}$$

と直和に分解される．有理数の集合 $\boldsymbol{Q}$ は可算集合である．したがって，前の命題

が使えて，$\boldsymbol{R}$ と K の間には1対1の対応が存在する．したがって，次の定理が示された．

> 無理数の集合は，連続体の濃度 $\aleph$ をもつ．

濃度 $\aleph$ をもつ集合の例

濃度 $\aleph$ をもついろいろな集合の例は，一般的な準備を済ませたあとで，第16講，第17講で与えるが，ここでは2, 3のごく基本的なものだけを述べておこう．

(1)　開区間 (a, b) に属するすべての点からなる集合．

開区間 $(0, 1)$ に属する点全体の集合は濃度 $\aleph$ である．一方，区間 $(0, 1)$ と区間 (a, b) とは，図27で示すように，1対1に対応しているから同じ濃度 $\aleph$ をもつ．あるいは写像：$x \longrightarrow (b-a)x+a$ によって1対1に対応しているからといってもよい．

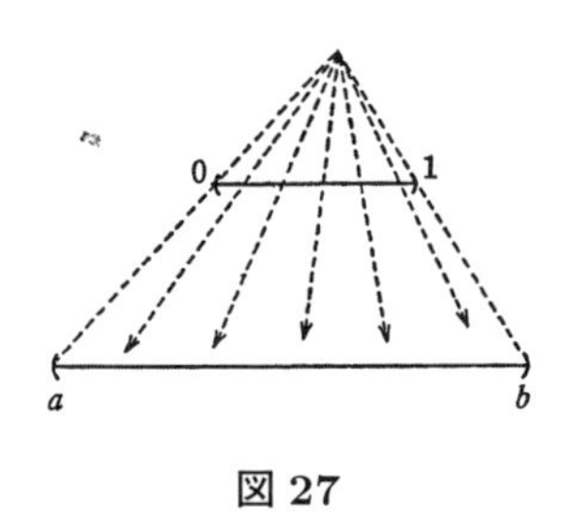

図 27

(2)　半開区間 $[a, b)$，および，閉区間 $[a, b]$ に属するすべての点からなる集合．

ともに，開区間 (a, b) に1点，または2点をつけ加えて得られる集合だから，命題 $(*)$ から明らか．

(3)　カントル集合

カントル集合に属する点を，3進法によって無限小数展開する．この無限小数展開には0と2だけが現われるが，ここで2を1におきかえてみる．たとえば

$$0.02220020\cdots \longrightarrow 0.01110010\cdots$$

とする．このとき得られた0と1からなる無限小数を，2進法による，区間 $[0, 1]$ の実数の小数展開とみることにより，カントル集合の点と，区間 $[0, 1]$ の点とが1対1に対応する．したがって，カントル集合の濃度は $\aleph$ である．

Tea Time

超越数の集合

第7講の Tea Time で，代数的な数について述べておいた．代数的な数でない実数を超越数という．円周率 π や $2^{\sqrt{2}}$ などは超越数である．代数的な数全体は，$\boldsymbol{R}$ の中で可算部分集合をつくっており，また

$$\boldsymbol{R} = (\text{代数的数の集合}) \sqcup (\text{超越数の集合})$$

だから，命題 $(*)$ によって

超越数の集合は，濃度 $\aleph$ をもつ．

ことがわかった．

質問　無理数の集合の濃度が $\aleph$ であることの証明はわかりましたが，気分の上では，何かすっきりしないものが残っています．数直線上で考えてみると，無理数の間には有理数が稠密にまじり合っていて，無理数だけを選別して，純粋に取り出してみることは，本当に難しいことだと思います．この，際限なく不連続に並ぶといってよい無理数の集合が，連続的につながっている直線上の点と1対1に対応しているということが，何とも妙に思えるのです．上に与えられた証明は間接的で，この点に触れられていないようです．この対応を具体的に表わしてみることはできないでしょうか．

答　一般的な観点からいって，この質問の意味するところは深いように思われる．論理的な帰結としての理解と，感覚的な理解との間には，時にはギャップを生じ，不調和なひずみを残すこともある．数学は，このひずみを取り除くように努めなくてはならないだろう．数学そのものは，つねに，より明晰であることを望む内面的な志向性をもっているが，この明晰さは，単に論理的な簡潔さを求めるだけではなく，人間的な感性に対して，論理性，抽象性のあり場所を明示していく方向も，あわせてもっていることが必要のように思う．

閑話休題！　どれだけ満足してもらえるかわからないが，質問に答えてみよう．

$0<x<1$ をみたす無理数は，ただ1通りに無限連分数によって

$$x=\cfrac{1}{n_1+\cfrac{1}{n_2+\cfrac{1}{n_3+\cfrac{1}{\ddots+\cfrac{1}{n_k+\ddots}}}}} \tag{1}$$

と表わされることが知られている．逆に，任意の自然数の無限系列 $(n_1, n_2, \ldots, n_k, \ldots)$ に対し，上の形の連分数によって，$0<x<1$ をみたす1つの無理数がきまる．

したがって，$0<x<1$ をみたす無理数全体のつくる集合は，自然数列 $(n_1, n_2, \ldots, n_k, \ldots)$ 全体のつくる集合と1対1に対応していることになる．

無理数 (1) に対して，前講の終りに述べた $[0,1)$ 区間の数の‘自然数展開’による表示を用いて

$$0.n_1n_2n_3\cdots n_k\cdots$$

と対応させると，無理数全体は，ちょうど‘自然数展開’で0の現われない一種の‘カントル集合’と1対1に対応していることがわかる．したがって，(1) の x に対して，‘自然数展開’

$$0.(n_1-1)(n_2-1)\cdots(n_k-1)\cdots$$

を対応させると，0と1の間にある無理数の全体と，区間 $[0,1)$ の点とが1対1に対応していることになる．

第 11 講

一般的な設定へ

テーマ
- ◆ 集合と元
- ◆ 部分集合
- ◆ 和集合，直和，共通部分
- ◆ 集合の演算規則
- ◆ ド・モルガンの規則

はじめに

今までの話から，集合論というものが，どのような考えによって創り出されてきたか，また理論全体の底流には，‘無限’というものに対する数学者の強い関心が，尽きることなく流れていることも感じとってもらえたと思う．

さて，ここまでくると，個々の具体的な集合の例だけではなくて，集合に対する一般的な取扱い方を整理して述べておいた方が，はるかに見通しがよくなってくる．これから取り扱いたいいろいろな集合を，俯瞰して見渡し，その相互の関係がよくわかるような，視点を設定しておきたいのである．

したがって，これから少し，「集合論」としての一般的な定義や，定理を述べていくことにする．建築でいえば，足場づくりの仕事である．なお，この講では，今まですでに述べた定義を，もう一度くり返して述べているようなこともある．

集合と元

集合の定義は，第 1 講で述べた素朴なものを採用する．公理論的立場もないわけではないが，それはいかにも専門家向きにつくられている．集合を公理で規定された記号でおきかえてみても，‘ものの集り’という素朴な認識の強さをどうしても押えこむことはできないようにみえる．第1講で述べたような集合の定義は，いかにも数学らしくないものであるが，ここではそれで満足することにしよう．このことは，集合の一般的な定義は，私たちの認識の中に深く隠されていて，個々の具体例によって，‘集合’ははじめて明確な形をとって現われるという観点に立って，話を進めていくことを意味している．

集合は，元または要素とよばれるものの集りからなっているが，元 a が集合 M に属していることを $a \in M$ で表わす．この否定(すなわち，元 a が M に属していないこと)を $a \notin M$ で表わす．

M の元に関する性質 $P(x)$ が与えられたとき，M の元 x で，性質 $P(x)$ をみたすもの全体はまた集合をつくる．この集合を

$$\{x \mid x \in M,\ P(x)\}$$

あるいは簡単に

$$\{x \mid P(x)\}$$

で表わす．

【例1】　$\{x \mid x \in \boldsymbol{N},\ x \text{ は } 5 \text{ の倍数}\} = \{5, 10, 15, 20, \ldots\}$.

【例2】　$\{x \mid x \in \boldsymbol{R},\ x^2 \leqq 1\} = \{x \mid -1 \leqq x \leqq 1\}$.

元をもたない集合も考えることにし，これを空集合といい，ϕ で表わす．空集合を導入しておくと，たとえば，実数の2乗は決して負になることはないことを

$$\{x \mid x \in \boldsymbol{R},\quad x^2 < 0\} = \phi$$

のように表わすこともできて，便利なことが多い．

2つの集合 M, N が与えられたとき，M に属する元は N に属し，逆に N に属する元は M に属するとき，すなわち

$$x \in M \Longrightarrow x \in N \quad (\Longrightarrow \text{は‘ならば’とよむ})$$

$$x \in N \Longrightarrow x \in M$$

が同時に成り立つとき，M と N は等しいといい，$M = N$ で表わす．

部 分 集 合

2つの集合 M, N が与えられて

$$x \in M \Longrightarrow x \in N$$

が成り立つとき，M は N の部分集合であるといい，記号 $M \subset N$ で表わす．

$M \subset N$ で，$N \subset M$ ならば，$M = N$ である．

また，

$$L \subset M,\ M \subset N \Longrightarrow L \subset N$$

が成り立つ．

空集合 ϕ は任意の集合 M の部分集合であると考える．

M の部分集合全体は (部分集合を元と考えて) また 1 つの集合をつくる．この集合を $\mathfrak{P}(M)$ と表わし，M のベキ集合という．

【例 3】 $\mathfrak{P}(\{a,b,c\}) = \{\phi, \{a\}, \{b\}, \{c\}, \{a,b\}, \{a,c\}, \{b,c\}, \{a,b,c\}\}$.

和集合，直和，共通部分

2 つの集合 M, N が与えられたとする．M と N のいずれかに属する元の全体は，また 1 つの集合をつくる．この集合を $M \cup N$ で表わし，M と N の和集合という．

M に属する元と N に属する元は異なると考えて，M と N の和集合をとったものを，$M \sqcup N$ で表わし，M と N の直和という．M に属する元 x を x_M，N に属する元 y を y_N と表わすことにすれば

$$M \sqcup N = \{x_M, y_N \mid x_M \in M,\ y_N \in N\}$$

と表わすことができる．

M と N にともに属する元全体のつくる集合を，$M \cap N$ で表わし，M と N の共通部分という．M と N に共通元がないときは $M \cap N = \phi$ である．

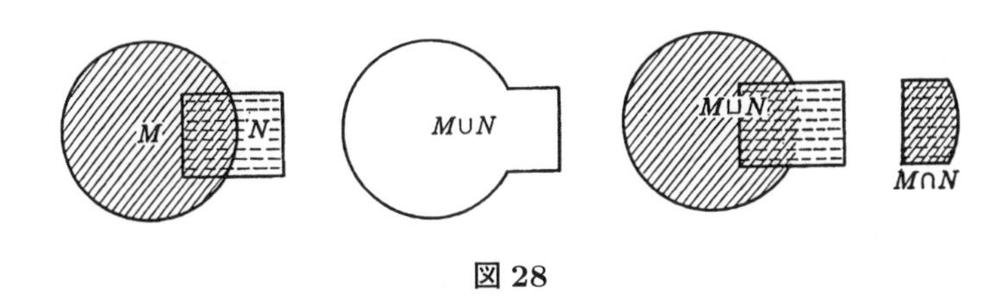

図 28

和集合と共通部分について，次の演算規則が成り立つ．

(i) $M \cup M = M,\ M \cap M = M$.

(ii)　$M \cup N = N \cup M$, $M \cap N = N \cap M$.

(iii)　$L \cup (M \cup N) = (L \cup M) \cup N$, $L \cap (M \cap N) = (L \cap M) \cap N$.

(iv)　$L \cup (M \cap N) = (L \cup M) \cap (L \cup N)$,

　　　$L \cap (M \cup N) = (L \cap M) \cup (L \cap N)$.

(v)　$M \cup (M \cap N) = M$, $M \cap (M \cup N) = M$.

(iii) を結合則，(iv) を分配則，(v) を吸収則ということがある．証明はどれも同じようにできるから，(iv) の最初の等式と，(v) の右側の等式だけ示しておこう．

$L \cup (M \cap N) = (L \cup M) \cap (L \cup N)$ の証明：
$M \cap N \subset M, N$ だから，$L \cup (M \cap N) \subset L \cup M$, $L \cup N$. したがって

$$L \cup (M \cap N) \subset (L \cup M) \cap (L \cup N)$$

一方，$x \in (L \cup M) \cap (L \cup N)$ とすると，$x \in L \cup M$, かつ $x \in L \cup N$. したがって $x \in L$ か，または $x \notin L$ で $x \in M$ かつ $x \in N$ でなくてはいけない．ゆえに $x \in L \cup (M \cap N)$. したがって

$$(L \cup M) \cap (L \cup N) \subset L \cup (M \cap N)$$

両方の包含関係が成り立ったから

$$L \cup (M \cap N) = (L \cup M) \cap (L \cup N)$$

$M \cap (M \cup N) = M$ の証明の要点：
(iv) の分配則を使ってもよいし，あるいは，直接左辺 $\supset$ 右辺，左辺 $\subset$ 右辺を確かめてみてもよい．いずれにしても簡単である．

ド・モルガンの規則

和集合と共通部分の演算規則に関する公式 (i) から (v) までをみると，和集合をとる演算 $\cup$ と，共通部分をとる演算 $\cap$ との間に，強い双対性があることに気がつく．すなわち，一つの演算規則があると，その両辺の式で，一斉に，$\cup$ を $\cap$ に代え，$\cap$ を $\cup$ に代えると，やはり同種の公式が成り立っている．

簡単な注意だが，整数の加法 $+$ と乗法 $\times$ の間にはこのような双対性は存在しない．たとえば

$$a \times (b + c) = a \times b + a \times c$$

であるが，ここで $+$ を $\times$ に代え，$\times$ を $+$ に代えた式は一般には成り立たない：

$$a + (b \times c) \neq (a + b) \times (a + c)$$

集合演算にみられるこの独特な双対性の成り立つ理由を説明するものとして，ド・モルガンの規則がある．

いま，集合 M が与えられたとする．$A \subset M$ に対して

$$A^c = \{x \mid x \in M, \quad x \notin A\}$$

とおき，A^c を A の M に関する補集合という (肩につけた c は，補集合の英語 complement の頭文字を表わしている).

$A^c \subset M$ であり，

$$\phi^c = M, \quad M^c = \phi, \quad (A^c)^c = A$$

が成り立つ．また

$$A \cup A^c = M, \quad A \cap A^c = \phi \tag{1}$$

も明らかであろう．

このとき，ド・モルガンの規則

$$(A \cup B)^c = A^c \cap B^c$$
$$(A \cap B)^c = A^c \cup B^c$$

が成り立つ．たとえば，上の式が成り立つことは，図 29 をみれば明らかであろう．

ド・モルガンの規則は，補集合へとうつると，和集合が共通部分へ，共通部分が和集合へと逆転することを示している．この事実は，上に述べた 2 つの集合演算 $\cup$ と $\cap$ の双対性を示すのに，次のように用いられる．いま，たとえば (iv) の分配則の最初の方の式がすべての集合に対して，成り立つことがわかっているとする．任意に集合 A, B, C が与えられたとき，$M = A \cup B \cup C$ として，この M の部分集合に対して，ド・モルガンの規則を使うことを考える．

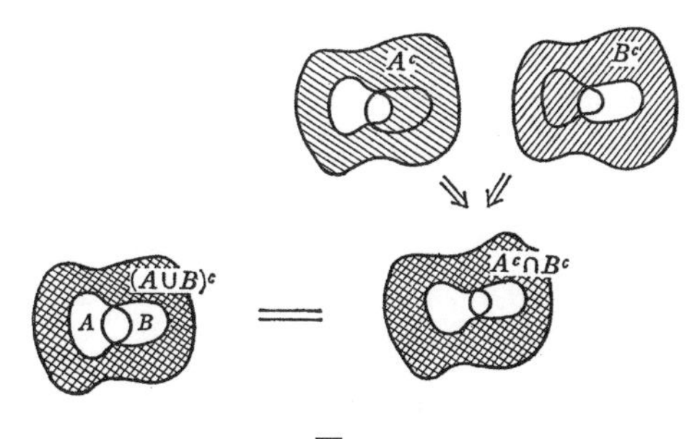

図 29

A^c，B^c，C^c に対して，分配則の第 1 の式を用いると

$$A^c \cup (B^c \cap C^c) = (A^c \cup B^c) \cap (A^c \cup C^c)$$

である．この両辺の補集合をとると

$$\{A^c \cup (B^c \cap C^c)\}^c = \{(A^c \cup B^c) \cap (A^c \cup C^c)\}^c$$

この左辺に，ド・モルガンの規則をくり返して使うと

$$\begin{aligned} \text{左辺} &= A^{cc} \cap (B^c \cap C^c)^c = A \cap (B^{cc} \cup C^{cc}) \\ &= A \cap (B \cup C) \end{aligned} \tag{2}$$

同様な計算を右辺に対して行なうと

$$\begin{aligned} \text{右辺} &= (A^c \cup B^c)^c \cup (A^c \cup C^c)^c \\ &= (A^{cc} \cap B^{cc}) \cup (A^{cc} \cap C^{cc}) \\ &= (A \cap B) \cup (A \cap C) \end{aligned} \tag{3}$$

(2) と (3) が等しいという式は，ちょうど分配則の第 2 式である．すなわち，分配則の第 1 式が成り立つことを認めれば，必然的に，$\cup$ と $\cap$ を取りかえた第 2 式が導かれるのである．

同じような考えを用いれば，集合間に成り立つ恒等式があって，それが $\cup$ と $\cap$ によって表わされているならば，この恒等式で，$\cup$ と $\cap$ をそっくり入れ代えた式もまた成り立つことを示すことができる．その意味で，$\cup$ と $\cap$ に，演算規則としての，双対性が存在するのである．

Tea Time

質問　ド・モルガンの規則を示すのに，図を用いないで証明する方法はないのでしょうか．

答　そのような証明法は存在する．証明の方針は，A の補集合 A^c は，(1) の性質によって完全に特性づけられることに注意することによって得られる．すなわち，まず

$$‘A \cup X = M, \quad A \cap X = \phi$$

となる集合 X は A^c に限る’ ことを示す．この証明には分配則を用いる．

実際，X をこのような集合とすると

$$X = X \cap M = X \cap (A \cup A^c) = (X \cap A) \cup (X \cap A^c)$$
$$= \phi \cup (X \cap A^c)$$
$$= X \cap A^c, \quad \text{ゆえに } X \subset A^c$$

また

$$X = X \cup \phi = X \cup (A \cap A^c)$$
$$= (X \cup A) \cap (X \cup A^c) = M \cap (X \cup A^c)$$
$$= X \cup A^c, \quad \text{ゆえに } A^c \subset X$$

これで $X = A^c$ が示された.

したがって，ド・モルガンの規則を示すには

$$\begin{cases} (A \cup B) \cup (A^c \cap B^c) = M \\ (A \cup B) \cap (A^c \cap B^c) = \phi \end{cases} \tag{4}$$

を示すとよい．実際このことがいえれば，いま示した補集合の一意性から

$$(A \cup B)^c = A^c \cap B^c$$

が得られて，ド・モルガンの規則が示されたことになる．(4) の証明は，演習問題として残しておこう．

第 12 講

写　　像

テーマ
- ◆ 写像
- ◆ 像集合，上への写像
- ◆ 1 対 1 写像
- ◆ 1 対 1 対応；対等 $M \simeq N$
- ◆ 合成写像，逆写像
- ◆ (Γ を添数とする) 集合族
- ◆ 集合族と集合列の和集合，直和，共通部分
- ◆ 上極限集合

写　　像

2 つの集合 M, N が与えられたとする．M の各元 x に対して，N のある元 y を対応させる規則 f が与えられたとき，M から N への写像 f が与えられたという．M の元 x に対応する N の元が y であるとき

$$y = f(x)$$

とかき，y は x の (f による) 像であるという．

【例 1】 自然数 n に対して，n の (1 以外の) 約数の中で最小なものを対応させる対応は，$\boldsymbol{N}$ から $\boldsymbol{N}$ への写像を与える．

【例 2】 x に対して x^3 を対応させる対応は，$\boldsymbol{R}$ から $\boldsymbol{R}$ への写像を与える．

【例 3】 無理数 $x = \alpha.\alpha_1\alpha_2\alpha_3\cdots$ に対して，$y = \alpha.\alpha_1\alpha_2$ を対応させる対応は，無理数の集合 K から $\boldsymbol{Q}$ への写像を与える．

【例 4】 実数 x に対して，区間 $(-x^2,\ x^2+1)$ を対応させる対応は，$\boldsymbol{R}$ からベキ集合 $\mathfrak{P}(\boldsymbol{R})$ への写像を与える．

【例 5】 $\mathfrak{P}(M)$ の元 A に対して，補集合 A^c を対応させる対応は，$\mathfrak{P}(M)$ から $\mathfrak{P}(M)$ への写像を与える．

像集合，上への写像

M から N への写像 f が与えられたとき，ある $x \in M$ に対して f の像となる y 全体，すなわち適当な x によって $y = f(x)$ と表わせる y 全体を考えると，これは N の部分集合になる．この部分集合を f の像集合といい，$\mathrm{Im}\, f$ で表わす．Im は英語 Image の最初の 2 文字をとったものである．

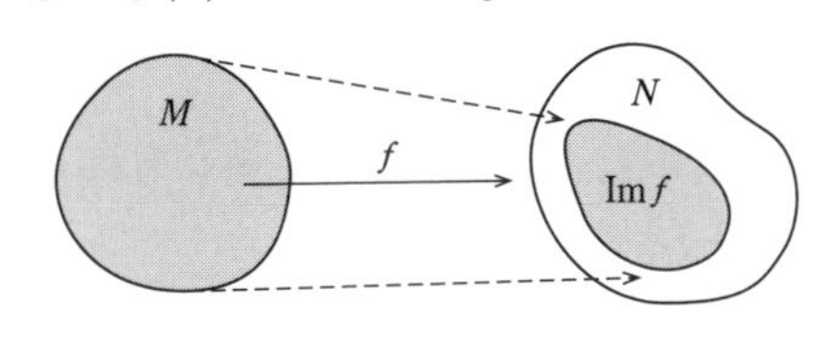

図 30

$\mathrm{Im}\, f = N$ のとき，f は M から N の上への写像という．同じことを，f は M から N への全射であるともいい表わす．

写像 f が，必ずしも M から N の上への写像ではないことを明らかにしておきたいときには，f は M から N の中への写像という．

1 対 1 写像

M から N への写像 f が

$$x \neq x' \Longrightarrow f(x) \neq f(x')$$

をみたすとき，f は1対1写像であるという．例 2，例 5 は，1 対 1 写像の例となっている．用語だけのことであるが，1 対 1 写像を，また単射ともいう．

1 対 1 対応，対等

M から N の上への写像 f が 1 対 1 写像のとき，f は M から N への1対1対応を与えるといい，このとき，M と N は対等である，または，同じ濃度をもつという．

M と N が対等であることを示す記号

$$M \simeq N$$

を導入しておくと，以下の説明で便利である．

合成写像，逆写像

L, M, N を3つの集合とし，L から M への写像 f と，M から N への写像 g が与えられたとする．そのとき

$$g \circ f(x) = g(f(x)) \quad (x \in L)$$

とおくことにより，L から N への写像 $g \circ f$ が得られる．$g \circ f$ を，f と g の合成写像という：

$$\begin{array}{ccccc} L & \xrightarrow{f} & M & \xrightarrow{g} & N \\ \Cup & & \Cup & & \Cup \\ x & \cdots\cdots\to & f(x) & \cdots\cdots\to & g \circ f(x) \end{array}$$

f が L から M への1対1対応であり，g が M から N への1対1対応であるときには，合成写像 $g \circ f$ は，L から N への1対1対応を与えている．このことは，対等の記号を用いてかけば

$$L \simeq M,\ M \simeq N \Longrightarrow L \simeq N$$

が成り立つことを示している．

f が M から N への1対1対応のとき，任意の $y \in N$ に対して $y = f(x)$ となる x がただ1つきまるから，y に対して x を対応させることにより，N から M への写像を考えることができる．この写像を f の逆写像といい，f^{-1} で表わす．明らかに，f^{-1} は N から M への1対1対応である．このことは，

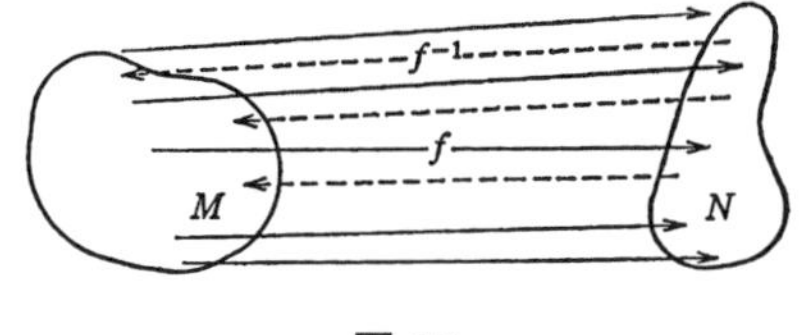

図 31

$$M \simeq N \Longrightarrow N \simeq M$$

が成り立つことを示している．

集　合　族

第3講で述べた例をもう1度引用しよう．A市の市民全体の集合を $\tilde{M}$ とする．このとき，A市の1つ1つの家族は，$\tilde{M}$ の部分集合を与えており，したがって $\mathfrak{P}(\tilde{M})$ の元であると考えられる．A市の家族を，記号で一般的に F で表わすこ

とにすると，$F \in \mathfrak{P}(\tilde{M})$ である．

いま，それぞれの家族がもっている電話の番号に注目することにしよう．A 市の家族を適当に抽出したいときに，たとえば，ある局番の電話番号で，1 番から 7100 番までの電話をもつ家族を考えることができる．このような電話番号と家族との対応は，集合

$$\varGamma = \{1, 2, 3, \ldots, 7100\}$$

から，$\mathfrak{P}(\tilde{M})$ への 1 つの写像が与えられたとみることができる．すなわち，1 番の電話番号をもつ家族を F_1，2 番の電話番号をもっている家族を $F_2, \ldots$ と表わすと，一般に，写像は

$$\begin{array}{ccc} \varGamma & \longrightarrow & \mathfrak{P}(\tilde{M}) \\ \Cup & & \Cup \\ \gamma & \cdots\cdots\to & F_\gamma \quad (\gamma = 1, 2, \ldots, 7100) \end{array} \tag{1}$$

で与えられている．

このとき 1 番から 7100 番までの電話をもつ家族の集り $\{F_\gamma\}_{\gamma \in \varGamma}$ を，$\varGamma$ を添数とする ($\tilde{M}$ の部分集合からなる) 集合族という．ここで 1 つ注意することは，1 つの家族が，2 つ電話をもっていることもあるから，たとえば，120 番の電話と，5180 番の電話をもっている家族がいれば

$$\{F_1, F_2, \ldots, F_{120}, \ldots, F_{5180}, \ldots, F_{7100}\}$$

とかかれていても，$F_{120} = F_{5180}$ となっている．

すなわち，集合族 $\{F_\gamma\}_{\gamma \in \varGamma}$ を与えた写像 (1) は，1 対 1 とは限っていない．

一般の集合族の定義は，次のように述べられる．

【定義】 $\varGamma$ を空でない集合とする．M は任意の集合とする．$\varGamma$ から，$\mathfrak{P}(M)$ への写像 $\gamma(\in \varGamma) \longrightarrow A_\gamma(\in \mathfrak{P}(M))$ が与えられたとき，$\varGamma$ を添数とする (M の部分集合からなる) 集合族が与えられたといい

$$\{A_\gamma\}_{\gamma \in \varGamma}$$

と表わす．

写像の例の中で述べた例 4 は，$\boldsymbol{R}$ を添数とする．$\boldsymbol{R}$ の部分集合からなる 1 つの集合族

$$\{(-x^2, x^2 + 1)\}_{x \in \boldsymbol{R}}$$

を与えていることになっている.

集合族の和集合，直和，共通部分

Γ を添数とする集合族 $\{A_\gamma\}_{\gamma\in\Gamma}$ が与えられたとき，和集合，直和，共通部分を，前講で述べた2つの集合の場合と，同じように定義することができる.

和集合：　$\bigcup_{\gamma\in\Gamma} A_\gamma = \{x \mid x$ はある A_γ に属する$\}$

直和：　$\bigsqcup_{\gamma\in\Gamma} A_\gamma = \{x_\gamma \mid x_\gamma \in A_\gamma, \gamma\in\Gamma\}$

共通部分：　$\bigcap_{\gamma\in\Gamma} A_\gamma = \{x \mid x$ はすべての A_γ に共通に含まれている$\}$

ここで直和を定義する式の右辺で $x_\gamma \in A_\gamma$ とかいたのは，同じ元 x でも，それが A_γ に属しているか $A_{\gamma'}$ に属しているか，区別して考えた上で，和集合をとっていることを示している.

例として，区間 $[0,1]$ に属する点 t に対し，

$$C_t = \{(x,y) \mid (x-t)^2 + y^2 \leqq 4\}$$

とおき，集合族

$$\{C_t\}_{t\in[0,1]}$$

を考えてみる．この場合，集合族の最初の定義に戻れば，$[0,1]$ から $\mathfrak{P}\left(\boldsymbol{R}^2\right)$ への写像が与えられていると考えているわけである．各 $t\in[0,1]$ に対応するものは，座標平面 $\boldsymbol{R}^2$ 上にある，中心 $(t,0)$，半径2の円 C_t である.

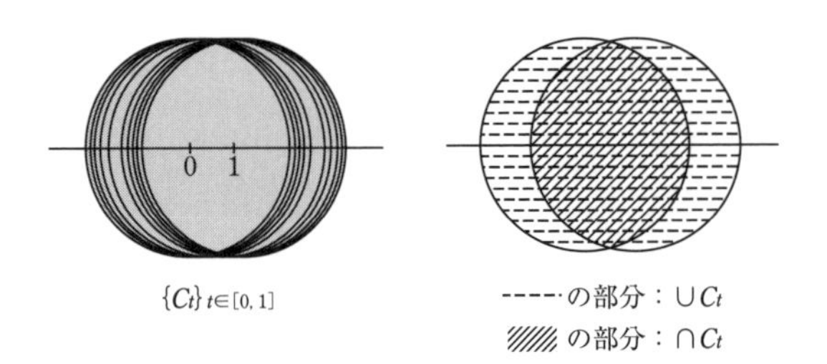

図 32

この場合の和集合，共通部分については図32で示しておいた．直和は，連続濃度をもつ $\{C_t\}_{t\in[0,1]}$ を，1つ1つ分離して，和集合をとったものだから，図示することは不可能である.

集合列の和集合，直和，共通部分

添数の集合 Γ が，特に自然数の集合 $\boldsymbol{N}$ のとき，集合族 $\{A_\gamma\}_{\gamma\in\Gamma}$ は

$$\{A_1, A_2, A_3, \ldots, A_n, \ldots\}$$

と表わされる．これを集合列という．

集合列の和集合，直和，共通部分はそれぞれ

$$\bigcup_{n=1}^{\infty} A_n, \quad \coprod_{n=1}^{\infty} A_n, \quad \bigcap_{n=1}^{\infty} A_n$$

と表わす．

たとえば集合列 $\{A_n\}_{n\in\boldsymbol{N}}$ に対して

$$\bigcap_{n=1}^{\infty}\bigcup_{k=n}^{\infty} A_k$$

に属する点 x は，まず $x \in \bigcap_{n=1}^{\infty}\left(\bigcup A_k\right)$ から，すべての n に対して $\bigcup_{k=n}^{\infty} A_k$ に含まれていることを意味している．ところで $x \in \bigcup_{k=n}^{\infty} A_k$ は，$k \geqq n$ をみたすある k に対して $x \in A_k$ を示す．すなわち

$$\bigcap_{n=1}^{\infty}\bigcup_{k=n}^{\infty} A_k = \{x|\,\text{すべての}\ n\ \text{に対し，ある}\ k \geqq n\ \text{が存在して}\ x \in A_k\}$$

この集合を，集合列 $\{A_n\}_{n\in\boldsymbol{N}}$ の上極限集合といい

$$\limsup A_n \quad \text{または} \quad \overline{\lim}\, A_n$$

と表わす．

問 1 $\limsup A_n = \left\{x \mid \text{無限に多くの}\ k\ \text{に対して}\ x \in A_k\right\}$ と表わせることを示せ．

問 2 $\bigcup_{n=1}^{\infty}\left(\bigcap_{k=n}^{\infty} A_k\right)$ に対して，同様の考察を試みよ．

この問 2 に現われた集合を $\{A_n\}_{n\in\boldsymbol{N}}$ の下極限集合といい，$\liminf A_n$ または $\underline{\lim}\, A_n$ と表わす．

Tea Time

関数と写像

1 次関数 $y = 2x - 3$，2 次関数 $y = x^2 + x$ など，関数という言葉は使いなれているし，また関数記号 $y = f(x)$ もよく知っている．しかし，これらの関数も，こ

こで述べた見方にしたがえば，実数 $\boldsymbol{R}$ から，$\boldsymbol{R}$ への写像である．それでは，はじめから，$y=2x-3$，$y=x^2+x$ は，それぞれ1次写像，2次写像といっておいた方がよかったのではないか，という疑問が生ずる．

関数——function——と，写像——mapping——は，数学上の定義としては，はっきりと区別できるものはないようである．しかし，ふつうの用法では，関数は，'数' のつくる集合から '数' のつくる集合への写像の場合に，主に用いられるようであって，たとえば5個のリンゴの集合から，10個のミカンの集合への関数が与えられたとはあまりいわない．だが，$y=2x-3$ は，1次写像であるということには抵抗はない．その意味では，写像の方が，関数より，多少広いニュアンスをもっている．

ただし，関数というときには，集合の元を対応させるという見方以外に，数のもつ機能性がどのように移り合っているか，たとえば1次関数 $y=2x-3$ というときには，x と $y+3$ は，比例関係にあるということに注目するような，そのような見方の感じはあるようである．

いずれにしても，多分，最初に関数という用語が定着し，そのあとに，集合の立場から，写像という用語が，より一般的な場所を占めるようになったのだろうから，この2つの用語を，厳密に区別して使いわけることなど，できないような状況にある．

第 13 講

直積集合と写像の集合

テーマ

- ◆ 直積集合
- ◆ 集合 A^Γ
- ◆ 写像の集合 $\mathrm{Map}(M,N)$
- ◆ 写像と直積集合
- ◆ ベキ集合 $\mathfrak{P}(M)$ と $\mathrm{Map}(M,\{0,1\})$ との 1 対 1 対応
- ◆ ベキの公式

直 積 集 合

集合族 $\{A_\gamma\}_{\gamma\in\Gamma}$ が与えられたとする．そのとき

$$\prod_{\gamma\in\Gamma} A_\gamma = \{w \mid w = (\ldots, x_\gamma, \ldots),\ \ x_\gamma \in A_\gamma\}$$

とおいて，$\prod_{\gamma\in\Gamma} A_\gamma$ を，$\{A_\gamma\}_{\gamma\in\Gamma}$ の直積集合という．この定義では，Γ が全く一般の集合のときには，$w = (\ldots, x_\gamma, \ldots)$ で，何を表わしているのか，はっきりしない点もあるが (このことについては，あとでまた述べる機会がある)，少くとも $\Gamma = \{1, 2, \ldots, n\}$ のときには，定義は明快である．すなわち，このときには

$$\{A_\gamma\}_{\gamma\in\Gamma} = \{A_1, A_2, \ldots, A_n\}$$

であり，

$$\prod_{\gamma\in\Gamma} A_\gamma = \{w \mid w = (x_1, x_2, x_3, \ldots, x_n),\ \ x_i \in A_i\}$$

である．このとき

$$\prod_{\gamma\in\Gamma} A_\gamma = A_1 \times A_2 \times \cdots \times A_n$$

とも表わす．$w = (x_1, x_2, \ldots, x_n)$ の $x_1, x_2, \ldots, x_n$ は，$A_1, A_2, \ldots, A_n$ の座標方向の成分を表わしているとみることができる．

$\Gamma = \{1, 2, 3, \ldots, n, \ldots\}$ のときにも

$$\prod_{\gamma\in\Gamma} A_\gamma = A_1 \times A_2 \times A_3 \times \cdots \times A_n \times \cdots$$

と表わすことがある．この右辺の表示の方が，直積集合らしくて，意味もよくわかるのだが，Γ が連続体の濃度をもつようになってくると，この右辺のような表示はできなくなってくる．

集　合　$\boldsymbol{A}^{\Gamma}$

集合族 $\{A_\gamma\}_{\gamma\in\Gamma}$ で，特に，すべての A_γ が，1 つのきまった集合 A に等しいとき，すなわち

$$A_\gamma = A \quad (\gamma \in \Gamma)$$

が成り立つとき，

$$\prod_{\gamma\in\Gamma} A_\gamma = A^{\Gamma}$$

と表わす．

この右辺の記号は，1 つの集合 A が，‘Γ 回くり返してかけられている’ というような感じを示唆しているものだと思われる．

写像の集合

2 つの集合 M, N が与えられ，$M \neq \phi$ とする．このとき M から N への写像全体のつくる集合を

$$\mathrm{Map}(M, N)$$

で表わす．

このとき，$\mathrm{Map}(M,N)$ と，集合 N^M との間に自然な 1 対 1 対応が存在する．

すなわち，次の結果が成り立つ．

$$\boxed{\mathrm{Map}(M, N) \simeq N^M \qquad (1)}$$

このような自然な 1 対 1 対応が存在することは，M, N が有限集合のときには，第 4 講で詳しく述べておいた．そのときの考え方は，そのまま上の一般の場合にも適用することができる．

すなわち，$\varphi \in \mathrm{Map}(M,N)$ を 1 つとるということは，M の各元 x に対して，N のある元 y_x $(= \varphi(x))$ を指定することである．見方をかえれば，写像 φ を与えるということは，各 $x \in M$ に対して x-座標 (！) y_x $(\in N)$ の値を指定すること

であるといってもよい．そのように考えれば，対応

$$\varphi \longleftrightarrow (\ldots, y_x, \ldots)_{x\in M}$$

が成り立つことがわかるだろう．この右辺は $(\ldots,\varphi(x),\ldots)_{x\in M}$ とかいた方がわかりやすいのかもしれない．右辺は N^M の元と考えられるから，これで，$\mathrm{Map}(M,N)$ と集合 N^M の間に，自然な 1 対 1 対応が存在することが証明された．

例として，$M=\{1,2,3\}$，$N=\boldsymbol{R}$ をとり，対応

$$\mathrm{Map}(\{1,2,3\},\boldsymbol{R}) \simeq \boldsymbol{R}\times\boldsymbol{R}\times\boldsymbol{R}$$

が成り立つことを，もう少しはっきりみておこう．右辺の $\boldsymbol{R}\times\boldsymbol{R}\times\boldsymbol{R}$ という集合は，直交座標をとれば，3 次元の座標空間として表わせる．このとき，$w=(x_1,x_2,x_3)$ という空間の点に対して

$$\varphi(1)=x_1,\quad \varphi(2)=x_2,\quad \varphi(3)=x_3$$

という $\varphi\in\mathrm{Map}(\{1,2,3\},\boldsymbol{R})$ が対応している．たとえば $\left(-15,3,\dfrac{1}{2}\right)$ という点には，$\varphi(1)=-15$，$\varphi(2)=3$，$\varphi(3)=\dfrac{1}{2}$ という写像が対応している．

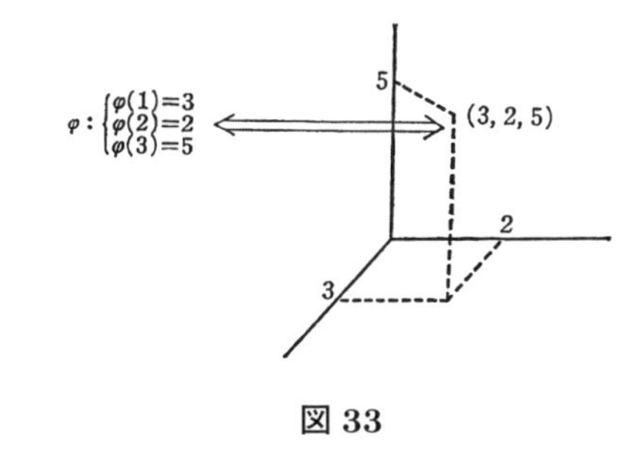

図 33

読者は，それでは，ふつう見なれている，$y=3x+5$ や $y=x+\sin x$ などという関数を，$\boldsymbol{R}$ から $\boldsymbol{R}$ への写像と考えたとき，上の対応で，この関数は，どのような集合の点に対応しているのかと思うだろう．それは，上の結果から，驚くほど大きな空間

$$\boldsymbol{R}^{\boldsymbol{R}}$$

の点に対応しているのである．

なお，以下では，$\mathrm{Map}(M,N)$ と集合 N^M を，この対応によって，同一視して考えることにする．

写像と直積集合

上に述べたような対応を知った上で，改めて，直積集合

$$\prod_{\gamma\in\Gamma} A_\gamma$$

の定義をみてみると，この集合は，Γ から，直和 $\bigsqcup_{\gamma \in \Gamma} A_\gamma$ への写像 φ であって，$\varphi(\gamma) \in A_\gamma$ となるもの全体のつくる集合であるといってもよいことがわかる．しかし，直積集合の感じを捉えるには，やはり前のような形で直積集合の定義を述べておいた方がよいように思う．

$\mathfrak{P}(M)$ と $\mathrm{Map}(M, \{0,1\})$

ベキ集合 $\mathfrak{P}(M)$ は，M の部分集合全体からなる集合である．M の部分集合 A に対し

$$\varphi_A(x) = \begin{cases} 1, & x \in A \\ 0, & x \in A^c \end{cases}$$

とおくと，φ_A は，M から $\{0,1\}$ への写像となる．φ_A が値 1 をとるような x の全体が，ちょうど A になっている．逆に M から $\{0,1\}$ への写像 ψ が与えられれば，$B = \{x \mid \psi(x) = 1\}$ とおくことにより，M の部分集合 B がきまる．この B に対し，$\psi = \varphi_B$ となっている．

すなわち，$A \in \mathfrak{P}(M)$ に対して，φ_A を対応させる対応は，$\mathfrak{P}(M)$ から，$\mathrm{Map}(M, \{0,1\})$ への 1 対 1 対応を与えている．したがって

$$\mathfrak{P}(M) \simeq \mathrm{Map}(M, \{0,1\}) \tag{2}$$

である．

なお，この 1 対 1 対応は，M が有限集合のときには，第 3 講ですでに述べてある．

(2) の結果を (1) と見比べると

$$\mathfrak{P}(M) \simeq \{0,1\}^M \tag{3}$$

も成り立つことがわかる．

‘公　式’

Γ_1，Γ_2 を空でない集合，M を任意の集合とする．そのとき，次のような 1 対

1対応が存在する.

$$M^{\Gamma_1 \sqcup \Gamma_2} \simeq M^{\Gamma_1} \times M^{\Gamma_2} \tag{4}$$

$$(M^{\Gamma_1})^{\Gamma_2} \simeq M^{\Gamma_1 \times \Gamma_2} \tag{5}$$

(4) の証明： $M^{\Gamma_1 \sqcup \Gamma_2}$ の元は, (1) によって, $\Gamma_1 \sqcup \Gamma_2$ から M への写像であると考えてよい. ところで, $\Gamma_1 \sqcup \Gamma_2$ から M への写像 Φ は, Γ_1 から M への写像 φ_1 と, Γ_2 から M への写像 φ_2 によって決まる：

$$x \in \Gamma_1 \quad \text{のとき} \quad \Phi(x) = \varphi_1(x)$$
$$x \in \Gamma_2 \quad \text{のとき} \quad \Phi(x) = \varphi_2(x)$$

したがって, 対応

$$\Phi \longleftrightarrow (\varphi_1, \varphi_2) \qquad \begin{array}{l} \varphi_1 \in \mathrm{Map}(\Gamma_1, M) \\ \varphi_2 \in \mathrm{Map}(\Gamma_2, M) \end{array}$$

は, $\mathrm{Map}(\Gamma_1 \sqcup \Gamma_2, M)$ から $\mathrm{Map}(\Gamma_1, M) \times \mathrm{Map}(\Gamma_2, M)$ への1対1対応を与えている. すなわち

$$\mathrm{Map}(\Gamma_1 \sqcup \Gamma_2, M) \simeq \mathrm{Map}(\Gamma_1, M) \times \mathrm{Map}(\Gamma_2, M)$$

この両辺を (1) を用いてかき直すと, (4) が得られる. ∎

(5) の証明： (1) を用いると, (5) は

$$\mathrm{Map}(\Gamma_2,\ \mathrm{Map}\,(\Gamma_1, M)) \simeq \mathrm{Map}(\Gamma_1 \times \Gamma_2, M) \tag{6}$$

が成り立つことを示すとよい.

$$\Phi \in \mathrm{Map}(\Gamma_2, \mathrm{Map}(\Gamma_1, M))$$

をとると, $\gamma_2 \in \Gamma_2$ に対して

$$\Phi\,(\gamma_2) \in \mathrm{Map}(\Gamma_1, M)$$

したがって, 任意の $\gamma_1 \in \Gamma_1$ に対し, 写像 $\Phi\,(\gamma_2)$ の γ_1 でとる‘値’がきまる：

$$\Phi\,(\gamma_2)\,(\gamma_1) \in M$$

すなわち, Φ が与えられると, 各 $(\gamma_1, \gamma_2) \in \Gamma_1 \times \Gamma_2$ に対して M の元がきまる. いいかえれば $\Gamma_1 \times \Gamma_2$ から M への1つの写像 $\tilde{\Phi}$ がきまる：$\tilde{\Phi}\,(\gamma_1, \gamma_2) = \Phi\,(\gamma_2)\,(\gamma_1)$.

$\tilde{\Phi} \in \mathrm{Map}\,(\Gamma_1 \times \Gamma_2, M)$ である．

Φ に $\tilde{\Phi}$ を対応させることによって，(6) の 1 対 1 対応が得られる．■

Tea Time

公式 (4)，(5) とベキの公式

自然数 m, k_1, k_2 が与えられたとき

$$m^{k_1+k_2} = m^{k_1} m^{k_2} \tag{7}$$

$$(m^{k_1})^{k_2} = m^{k_1 k_2} \tag{8}$$

というベキの計算の規則が成り立つ．これは (4) と (5) の公式で，M，Γ_1，Γ_2 として，それぞれ $|M| = m$，$|\Gamma_1| = k_1$，$|\Gamma_2| = k_2$ をみたす有限集合をとって，両辺の個数を等しいとして得られたものとなっている (第 14 講参照)．

もちろん (7)，(8) だけならば，自然数のベキの定義を思い出すと，すぐに (といっても厳密には k_2 について数学的帰納法を用いて) 示すことができる．公式 (4)，(5) は (7)，(8) を集合の立場から見直して一般化したものである．

一方，数の世界では，公式 (7)，(8) を一般化するのに別の道を辿る．すなわち，k が正の有理数 $k = \dfrac{q}{p}$ $(p, q > 0)$ のとき，$m^k = \sqrt[p]{m^q}$ としてベキの定義を拡張し，次に負の数 $-r$ に対しては $m^{-r} = \dfrac{1}{m^r}$ としてベキを定義する．また $m^0 = 1$ とおく．このようにして，すべての有理数 r に対してまで，m のベキ m^r の定義を拡張したときにも，(7)，(8) が成り立つことを確かめる．

すなわち，集合を背景として考えるか，数の世界を背景として考えるかによって，自然数での公式 (7)，(8) は，それぞれ別の道を歩みながら一般化されていく．数学では，概念とか公式を一般化する場合，それは常に背景にある世界の広がりの中で考えられている．

質問　ここでの話以外に，数学のいろいろな分野で写像のつくる集合 $\mathrm{Map}(M, N)$ ——これは僕にはまだ想像しにくい集合なのですが——などを考える場合がある

のでしょうか．僕たちがふつう出会う関数，$y = 3x^2 - 5x + 2$ や $y = \cos 3x$ などに対しては，1つ1つの関数のグラフをかいたり，微分したりして調べています．このような1つ1つの関数も，$\mathrm{Map}(\boldsymbol{R}, \boldsymbol{R})$ の1つの元と見なすことができるということですが，このような観点が，現実に必要となることがあるのでしょうか．

答　最近の数学——20世紀になって発展してきた数学の中で，実際，このような観点が重要なものとなってきた．

質問に答える前に，少し脇道に入る．2次方程式 $x^2 - 5x + 8 = 2$ を，移項して因数分解して解いてみると，解は $x = 2$，$x = 3$ ということがわかる．すなわち，この式に含まれている x についての情報は，x は2か，または3であるということだけである．一方，関数という立場で，この方程式をみると，2次関数 $y = x^2 - 5x + 8$ が，いつ2という値をとるかという問題になっている．いいかえると，$y = x^2 - 5x + 8$ という $\boldsymbol{R}$ から $\boldsymbol{R}$ への写像をまず考えて，次にこの値 (像！) が2となるのはいつかと聞くのである．このとき，最初の方程式の未知数 x が2つの値しかとらなかったのに比べて，今度の観点では，まず連続濃度をもつ集合 $\boldsymbol{R}$ の上を x が動いていることに注意する必要がある．

同じように，たとえば，微分方程式

$$y' + 2y = x^2$$

を解くとき，これを微分方程式の解法にしたがって解く考え方と (これは上の話で2次方程式を解く考えに対応する)，ある関数の集合から，ある関数の集合への写像

$$y \longrightarrow y' + 2y$$

が与えられて，これが x^2 と一致するのはいつかと問う観点もある (これは上の話で2次関数を考える考えに対応する)．このとき，y は $\mathrm{Map}(\boldsymbol{R}, \boldsymbol{R})$ 全体を動くことはできないが (なぜなら，y は微分できる関数でないと上の写像は定義できないから)，$\mathrm{Map}(\boldsymbol{R}, \boldsymbol{R})$ のある部分集合上を動くと考えている．このように，関数方程式を解くときには，その背景にある関数の集りを考えることも，ごく自然なことであると，考えられるようになってきたのである．

第 14 講

濃　　度

テーマ

◆ M と N は同じ濃度をもつ $\Leftrightarrow M \simeq N \Leftrightarrow \mathfrak{m} = \mathfrak{n}$

◆ 濃度の演算：和，積，ベキ

◆ $\overline{\overline{\mathfrak{P}(M)}} = 2^{\mathfrak{m}}$

◆ $\overline{\overline{\mathfrak{P}(N)}} = 2^{\aleph_0} = \aleph$

濃度を表わす記号

濃度の定義は，第 5 講の定義 2 ですでに与えてある．2 つの集合 M, N が，$M \simeq N$ という関係があるとき，M と N は同じ濃度をもつというのであった．

集合 M の濃度を表わすのに，対応するドイツ文字の小文字 $\mathfrak{m}$ を用いるのが慣例である．同様に，集合 A, B, L, N などの濃度を表わすのに，対応するドイツ小文字 $\mathfrak{a}$，$\mathfrak{b}$，$\mathfrak{l}$，$\mathfrak{n}$ を用いる．したがって，濃度の定義を記号を用いて簡単に書くと

$$M \simeq N \Longrightarrow \mathfrak{m} = \mathfrak{n} \tag{1}$$

となる．

また，$\mathrm{Map}(M, N)$ や，集合 $\{a, b, c, d\}$ などの濃度を表わすときには，集合の記号の上に，2 本の横線を引いて

$$\overline{\overline{\mathrm{Map}(M, N)}}, \qquad \overline{\overline{\{a, b, c, d\}}}$$

と表わす．たとえば

$$\overline{\overline{\{1\}}} = 1,\ \overline{\overline{\{1, 2\}}} = 2,\ \ldots,\ \overline{\overline{\{1, 2, \cdots, n\}}} = n,\ \ldots,\ \overline{\overline{\{1, 2, 3, \ldots, n, \ldots\}}} = \aleph_0$$

であり，また

$$\overline{\overline{\{a, b, c, d\}}} = 4, \qquad \overline{\overline{\{a, b, c, d, e, f, \ldots, x, y, z\}}} = 26$$

である．

濃度の演算——和

濃度の和：　集合 M, N の直和 $M \sqcup N$ の濃度を

$$\mathfrak{m} + \mathfrak{n}$$

と表わし，$\mathfrak{m}$ と $\mathfrak{n}$ の和という．

$M \sqcup N \simeq N \sqcup M$ から，(1) により

$$\mathfrak{m} + \mathfrak{n} = \mathfrak{n} + \mathfrak{m}$$

が成り立つことがわかる．また $L \sqcup (M \sqcup N) \simeq (L \sqcup M) \sqcup N$ (第 11 講の (iii) 参照) から

$$\mathfrak{l} + (\mathfrak{m} + \mathfrak{n}) = (\mathfrak{l} + \mathfrak{m}) + \mathfrak{n}$$

が成り立つ．

M, N が有限集合のときに，濃度の和は，自然数の和となっている．

第 6 講から，2 つの可算集合の和集合は可算集合だから

$$\aleph_0 + \aleph_0 = \aleph_0$$

である．また，有限集合と可算集合の和集合は可算集合だから

$$n + \aleph_0 = \aleph_0 \quad (n = 1, 2, \ldots)$$

となる．

濃度の演算——積

濃度の積：　集合 M, N の直積集合 $M \times N$ の濃度を

$$\mathfrak{m}\mathfrak{n}$$

で表わし，$\mathfrak{m}$ と $\mathfrak{n}$ の積という．

$M \times N \simeq N \times M$ である．実際，$M \times N$ の元 $(x, y)(x \in M, y \in N)$ に対し，$N \times M$ の元 (y, x) を対応させる対応は，$M \times N$ から $N \times M$ への 1 対 1 対応を与える．したがって (1) と濃度の積の定義から

$$\mathfrak{m}\,\mathfrak{n} = \mathfrak{n}\,\mathfrak{m}$$

同じように考えて

$$\mathfrak{l}(\mathfrak{m}\,\mathfrak{n}) = (\mathfrak{l}\,\mathfrak{m})\mathfrak{n}$$

も成り立つ．

3つの集合 L, M, N に対して

$$L \times (M \sqcup N) \simeq (L \times M) \sqcup (L \times N)$$

が成り立つ．実際，左辺に属する元は，(w, x) $(w \in L,\ x \in M)$ と表わされる元か，(w, y) $(w \in L,\ y \in N)$ と表わされる元のいずれかからなり，このそれぞれを分けてかくと，右辺になる．したがって濃度へ移って，等式

$$\mathfrak{l}(\mathfrak{m} + \mathfrak{n}) = \mathfrak{l}\,\mathfrak{m} + \mathfrak{l}\,\mathfrak{n}$$

が示されたことになる．

M, N が有限集合のときは，濃度の積は，自然数の積となっている．

第6講から，2つの可算集合の直積集合は，可算集合だから

$$\aleph_0 \cdot \aleph_0 = \aleph_0 \qquad (1)$$

である．また，有限集合と可算集合の直積集合は，可算集合だから

$$n\,\aleph_0 = \aleph_0 \quad (n = 1, 2, \ldots) \qquad (2)$$

となる．

濃度の演算——ベキ

濃度のベキ：　集合 $M(\neq \phi)$，N に対し，集合 N^M の濃度を

$$\mathfrak{n}^{\mathfrak{m}}$$

で表わし，$\mathfrak{n}$ の $\mathfrak{m}$ ベキという．

第13講の (4) と (5) から，次の等式が成り立つことがわかる：

$$\mathfrak{l}^{\mathfrak{m}+\mathfrak{n}} = \mathfrak{l}^{\mathfrak{m}}\mathfrak{l}^{\mathfrak{n}} \tag{3}$$

$$(\mathfrak{l}^{\mathfrak{m}})^{\mathfrak{n}} = \mathfrak{l}^{\mathfrak{m}\mathfrak{n}} \tag{4}$$

M, N が有限集合で，その濃度 (自然数！) をそれぞれ m, n とすると，N^M の濃度は，ちょうど自然数のベキ乗 n^m となっている (第 13 講，Tea Time 参照).

Map($\boldsymbol{M}, \boldsymbol{N}$) と $\mathfrak{P}(\boldsymbol{M})$ の濃度

第 13 講の (1) と，濃度のベキの定義から

$$\overline{\overline{\mathrm{Map}(M, N)}} = \mathfrak{n}^{\mathfrak{m}} \tag{5}$$

である.

第 13 講の (3) と，濃度のベキの定義から

$$\overline{\overline{\mathfrak{P}(M)}} = 2^{\mathfrak{m}} \tag{6}$$

である.

$\mathfrak{P}(\boldsymbol{N})$ の濃度

自然数の集合 $\boldsymbol{N}$ の部分集合全体のつくる集合 $\mathfrak{P}(\boldsymbol{N})$ の濃度を求めてみよう. $\overline{\overline{\boldsymbol{N}}} = \aleph_0$ だから，(6) により，

$$\overline{\overline{\mathfrak{P}(\boldsymbol{N})}} = 2^{\aleph_0}$$

である．したがって $2^{\aleph_0}$ を求めるとよい．これについて次の定理が成り立つ.

【定理】 $2^{\aleph_0} = \aleph$.

【証明】 濃度 2 をもつ集合として，$\{0, 1\}$ をとる．このとき，$2^{\aleph_0}$ は直積集合

$$P = \{0, 1\} \times \{0, 1\} \times \{0, 1\} \times \cdots \times \{0, 1\} \times \cdots$$

の濃度に等しい．一方，区間 $(0, 1]$ の実数全体のつくる集合の濃度は $\aleph$ である.

したがって，定理を示すには

$$\overline{\overline{P}} = \overline{\overline{(0,1]}} \tag{7}$$

を示すとよい．

P の元は，0 と 1 からなる数列として

$$(\alpha_1, \alpha_2, \alpha_3, \ldots, \alpha_n, \ldots)$$

と表わされている．これに対して，2 進小数でかき表わされた実数

$$0.\,\alpha_1\alpha_2\alpha_3\cdots\alpha_n\cdots$$

を考えたい．ここでまず，有限 2 進小数は，無限 2 進小数としても表わされることを思い出しておこう．たとえば

$$\begin{aligned} &0.001(=0.00100\cdots00\cdots) \\ &=0.000111\cdots11\cdots \end{aligned}$$

である．また，$(0,1]$ に属する実数を無限 2 進小数として表わすことにすれば，この表わし方は，ただ 1 通りである．

いま，区間 $(0,1]$ に属する実数の中で，有限 2 進小数に表わされるもの全体のつくる集合を S とする．S の元は有理数だから (たとえば 0.01101 は $\frac{1}{4}+\frac{1}{8}+\frac{1}{32}$ である)，S は $\boldsymbol{Q}$ の部分集合で，したがって

$$\overline{\overline{S}} = \aleph_0 \tag{8}$$

である．

そこで，P から $(0,1] \sqcup S$ への写像 φ を次のように定義する．

$x \in P$ が

$$x = (\alpha_1, \alpha_2, \alpha_3, \ldots, \alpha_n, 0, 0, 0, \ldots, 0, \ldots)$$

と，ある所から先すべて 0 となっているときには，

$$\varphi(x) = 0.\alpha_1\alpha_2\cdots\alpha_n \in S$$

とし，そうでないとき，

$$x = (\alpha_1, \alpha_2, \alpha_3, \ldots, \alpha_n, \ldots)$$

に対して

$$\varphi(x) = 0.\,\alpha_1\alpha_2\cdots\alpha_n\cdots \in (0,1]$$

を対応させる．上の注意から，φ は，P から $(0,1] \sqcup S$ への 1 対 1 対応を与えている．

したがって

$$\overline{\overline{P}} = \overline{\overline{(0,1] \sqcup S}}$$

が証明された．

第 10 講，(∗) と (8) により，この右辺は，$\overline{\overline{(0,1]}}$ に等しいから，これで (7) が証明された． ∎

この定理の重要さは，可算濃度 $\aleph_0$ と，連続体の濃度 $\aleph$ との間に，1 つの関係が得られたことにある．この定理の，いろいろな応用は，第 16 講で述べる．

Tea Time

質問　$2^{\aleph_0} = \aleph$ の証明をみて思ったのですが，1 枚の銅貨を投げるとき，表が出たら 1，裏が出たら 0 として記録をとっていくことにします．ですから，銅貨を n 回投げたとき，表と裏の出た仕方は $\alpha_1\alpha_2\cdots\alpha_n$ (α_i は 0 か 1) として記されます．実際は，無限回投げ続けていくことなどできないのですが，'頭の中で' 銅貨を無限回投げ続けていくことを考えることにします．そのとき，裏表の出るいろいろな仕方は，ちょうど

$$P = \{0,1\} \times \{0,1\} \times \cdots \times \{0,1\} \times \cdots$$

の点と 1 対 1 に対応しています．したがって銅貨を無限回投げ続けるという試行で，裏表の出る '仕方の個数' は，連続体の濃度 $\aleph$ もあることになりますが，この推論は正しいでしょうか．

答　この推論は正しい．銅貨を投げる各々の無限回試行に対して，上の証明から，区間 $(0,1]$ の 1 点が (可算個の集合 S に対しては補正はあるが) 対応していることになる．このことから，たとえば，銅貨を n 回投げたときの裏表の出方を，2 進小数で $0.\alpha_1\alpha_2\cdots\alpha_n$ と表わしたとき，この 2 進小数が，投げる回数 n をどんどん大きくしていくとき，区間 $\left(0, \frac{1}{4}\right)$ の中にあるようなことは，大体 4 回の試行のうち，1 回はおきるだろうということが推論される．これは，確率論的な考え方である．

第 15 講

濃度の大小

テーマ
- ◆濃度の大小関係
- ◆ベルンシュタインの定理：$\mathfrak{m} \leqq \mathfrak{n}$，$\mathfrak{n} \leqq \mathfrak{m} \Rightarrow \mathfrak{m} = \mathfrak{n}$
- ◆$L \subset M \subset N$ で $L \simeq N$ ならば，$M \simeq N$

濃度の大小関係

有限個のものからなる2つの集合では，どちらの方が多いか少ないかを比べることができる．そして，それは個数の上では，2つの自然数の大小関係に反映してくる．一般の濃度に対しても，大小関係を定義したい．

いま

$$\mathfrak{m} = \overline{\overline{M}}, \quad \mathfrak{n} = \overline{\overline{N}}$$

とする．

【定義】 M から N の中への1対1写像が存在するとき

$$\mathfrak{m} \leqq \mathfrak{n}$$

と表わし，$\mathfrak{m}$ は $\mathfrak{n}$ より大きくないという．

$\mathfrak{m} \leqq \mathfrak{n}$ で $\mathfrak{m} \neq \mathfrak{n}$ のとき

$$\mathfrak{m} < \mathfrak{n}$$

と表わし，$\mathfrak{m}$ は $\mathfrak{n}$ より小さい，$\mathfrak{n}$ は $\mathfrak{m}$ より大きいという．

無限濃度に対して，大きい，小さいと数量を感じさせるようないい方は，あまり適当でないのか，ふつうは単に記号 $\mathfrak{m} \leqq \mathfrak{n}$，$\mathfrak{m} < \mathfrak{n}$ で，この2つの濃度の関係を表わす．また $\mathfrak{n}$ は $\mathfrak{m}$ より高い濃度をもつということもある．

たとえば，集合 $\{1, 2, \ldots, n\}$ から，$\boldsymbol{N} = \{1, 2, \ldots, n, \ldots\}$ の中への1対1対応があるので

$$n < \aleph_0 \quad (n = 1, 2, \ldots)$$

である．また $\aleph_0 \neq \aleph$ であるが，$\boldsymbol{N}$ から実数の集合 $\boldsymbol{R}$ の中への 1 対 1 対応があるので

$$\aleph_0 < \aleph$$

である．

3 つの集合 L, M, N があり，L から M の中への 1 対 1 写像 φ，M から N の中への 1 対 1 写像 ψ が存在すれば，合成写像 $\psi \circ \varphi$ は，L から N の中への 1 対 1 写像を与える．このことから，濃度の大小に関する推移法則

$$\boxed{\mathfrak{l} \leqq \mathfrak{m},\ \mathfrak{m} \leqq \mathfrak{n} \Longrightarrow \mathfrak{l} \leqq \mathfrak{n}}$$

が成り立つことがわかる．

ベルンシュタインの定理

次の定理をベルンシュタインの定理という．

【定理】 $\mathfrak{m} \leqq \mathfrak{n},\ \mathfrak{n} \leqq \mathfrak{m} \Longrightarrow \mathfrak{m} = \mathfrak{n}.$

【証明】 $\mathfrak{m} = \overline{\overline{M}}$，$\mathfrak{n} = \overline{\overline{N}}$ とする．定理の仮定は，M から N の中への 1 対 1 写像 φ，N から M の中への 1 対 1 写像 ψ が存在することである．この仮定から，M から N への 1 対 1 対応が存在することを示すとよい．

ψ は N から M の中への 1 対 1 写像だから

$$\Phi = \psi \circ \varphi$$

とおくと，Φ は M から M の中への 1 対 1 写像となる．この写像 Φ を用いて，M の部分集合の系列

$$M \supset M_1 \supset M_2 \supset \cdots \supset M_n \supset \cdots$$

で

(i) $M \simeq M_2 \simeq M_4 \simeq \cdots \simeq M_{2n} \simeq \cdots$

(ii) $N \simeq M_1 \simeq M_3 \simeq \cdots \simeq M_{2n+1} \simeq \cdots$

をみたすものをつくりたい．

まず，偶数番目の部分集合列 $M_2, M_4, \ldots, M_{2n}, \ldots$ をつくろう．

$$M_2 = \Phi(M)$$

とおくと，$M \supset M_2$ で，また Φ は M から M_2 の上の 1 対 1 写像だから，$M \simeq M_2$ となる．次に

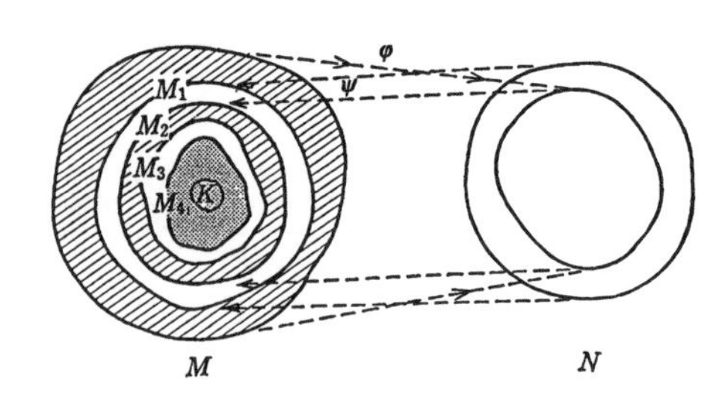

図 34

$$M_4 = \Phi(M_2)$$

とおくと，同じ理由で $M_2 \supset M_4$，$M_2 \simeq M_4$ となる．以下同様にして，一般に

$$M_{2n+2} = \Phi(M_{2n}), \quad n = 1, 2, \ldots$$

とおくと，$M_{2n} \supset M_{2n+2}$，$M_{2n} \simeq M_{2n+2}$ となる．

次に，奇数番目の部分集合列をつくるには，まず

$$M_1 = \psi(N)$$

とおく．$M_1 \subset M$ で，また ψ は N から M_1 への 1 対 1 対応を与えているから，$N \simeq M_1$ である．この M_1 から出発して，前と同様の操作をくり返すことにより

$$M_3 = \Phi(M_1),\ M_5 = \Phi(M_3),\ \ldots,\ M_{2n+1} = \Phi(M_{2n-1}),\ \ldots$$

が得られる．$M_{2n-1} \supset M_{2n+1}$ で，$M_{2n-1} \simeq M_{2n+1}$ となる．

$N \supset \varphi(M)$ の両辺に Ψ をほどこして，$\Psi(N) \supset \Phi(M)$，すなわち $M_1 \supset M_2$ が得られる．$M \supset M_1 \supset M_2$ に順次 Φ をほどこしていくと，一般に $M_{2n} \supset M_{2n+1} \supset M_{2n+2}$ が成り立つことがわかる．

これで (i)，(ii) をみたす部分集合の系列 $M \supset M_1 \supset M_2 \supset \cdots$ が得られた．

そこで

$$K = \bigcap_{n=1}^{\infty} M_n$$

とおく．このとき，M と M_1 は，次のように直和に分解される．

$$M = (M - M_1) \sqcup (M_1 - M_2) \sqcup \cdots \sqcup (M_{2n} - M_{2n+1}) \sqcup \cdots \sqcup K$$

$$M_1 = (M_1 - M_2) \sqcup (M_2 - M_3) \sqcup \cdots \sqcup (M_{2n+1} - M_{2n+2}) \sqcup \cdots \sqcup K$$

この右辺に現われた最初の 2 つの直和の間には，次のような 1 対 1 対応が存在する：

$$(M - M_1)\sqcup(M_1 - M_2)$$
$$\Phi$$
$$(M_1 - M_2)\sqcup(M_2 - M_3)$$

は恒等写像

同様に $n = 1, 2, \ldots$ に対し，1 対 1 対応

$$(M_{2n} - M_{2n+1})\sqcup(M_{2n+1} - M_{2n+2})$$
$$\Phi$$
$$(M_{2n+1} - M_{2n+2})\sqcup(M_{2n+2} - M_{2n+3})$$

は恒等写像

が存在する.

各直和成分では，この対（つい）となって得られる 1 対 1 対応を用い，K 上では恒等写像をとることにより，M から M_1 への 1 対 1 対応が構成される．したがって

$$M \simeq M_1$$

である．$M_1 \simeq N$ であったから，これで望んだ結果

$$M \simeq N$$

が証明された. ∎

定理の系と注意

この定理から直ちに次のようなことがわかる.

> 部分集合の系列
> $$L \subset M \subset N$$
> において，もし $L \simeq N$ ならば，必ず $M \simeq N$ が成り立つ.

なぜなら，上の包含関係から $\mathfrak{m} \leqq \mathfrak{n}$ は明らかであり，一方，仮定から $\mathfrak{n} = \mathfrak{l} \leqq \mathfrak{m}$ より，$\mathfrak{n} \leqq \mathfrak{m}$ となり，したがって定理から $\mathfrak{m} = \mathfrak{n}$ が結論されるからである.

たとえば $(0, 1] \simeq \boldsymbol{R}$ はわかっている．したがって，$(0, 1]$ を含む任意の $\boldsymbol{R}$ の部分集合 S に対して，$(0, 1] \subset S \subset \boldsymbol{R}$ により $\overline{\overline{S}} = \overline{\overline{\boldsymbol{R}}} = \aleph$ となる.

なお，上の定理の証明の中で，M は無限個の集合の直和に分解されているが，M が有限集合のときはどうなるのかと疑問を感じた読者がいるかもしれない．M が有限集合ならば，M の中に 1 対 1 に写像される N もまた有限集合であって，M と N の元の個数は一致していなくてはならない．したがって，φ と ψ は，そ

れ自身すでに1対1対応となっていて，この場合には $M = M_1 = M_2 = \cdots$ となる．したがってまた $M - M_2 = M_1 - M_2 = M_2 - M_3 = \cdots = \phi$ である．

問　M の共通点のない2つの部分集合を A, B とする．もし $B \simeq M$ ならば，$A^c \simeq M$ が成り立つことを示せ．

Tea Time

質問　濃度の大小関係はわかりましたが，2つの濃度 $\mathfrak{m}, \mathfrak{n}$ が与えられたとき，必ず

$$\mathfrak{m} < \mathfrak{n} \quad \text{か} \quad \mathfrak{m} = \mathfrak{n} \quad \text{か} \quad \mathfrak{m} > \mathfrak{n}$$

のどれか1つが成り立つのでしょうか．僕は少し考えてみましたが，2つ集合があれば，1つ1つ元をとって対応させていけば，必ずいつかは，どちらか1つの集合から他方への1対1写像が得られそうに思いましたが，何しろ，相手が無限集合で，こんな推論でよいのか，あやしくなりました．

答　考察の仕方も，あやしくなった感じさえ，正しいといってよいのである．質問に述べられていることは，濃度の比較可能定理といって，集合論における基本定理であるが，ふつうの日常の感じで正しいと考えられている論理だけを用いて，この定理を示すことはできない．この定理を示すには，選択公理という，無限に関する基本的な命題を認めることがまず必要となる．選択公理については，第26講で詳しく述べるから，そのときまたこの話題に戻ることにしよう．

第 16 講

連続体の濃度をもつ集合

テーマ

- $\aleph^n = \aleph \ (n = 1, 2, 3, \dots)$
- 平面上の点の集合の濃度は $\aleph$
- 平面上の円全体のつくる集合の濃度は $\aleph$
- 平面上の凸多角形全体のつくる集合の濃度は $\aleph$

公　　式

次の公式が成り立つ.

$$\aleph^2 = \aleph$$

(I)　一般に

$$\aleph^n = \aleph \quad (n = 1, 2, \dots)$$

【証明】　第 14 講で述べた定理により

$$2^{\aleph_0} = \aleph$$

したがって, 自然数 n に対し

$$\begin{aligned} \aleph^n &= \left(2^{\aleph_0}\right)^n \\ &= 2^{n\aleph_0} && \text{(第 14 講 (4))} \\ &= 2^{\aleph_0} && \text{(第 14 講 (2))} \\ &= \aleph \end{aligned}$$

∎

平面上の点の集合

平面上の点は, 座標を用いると, 実数の組 (x, y) で表わすことができる. したがって

$$\text{平面上の点の集合} \simeq \boldsymbol{R}^2$$

となるが，公式 (I) から

$$\overline{\overline{\boldsymbol{R}^2}} = \overline{\overline{\boldsymbol{R} \times \boldsymbol{R}}} = \aleph^2 = \aleph$$

である．したがって

> 平面上の点全体のつくる集合の濃度は $\aleph$ である．

すなわち，平面上の点全体は，直線上の点と 1 対 1 に対応するのである．この結果は，私たちの素朴な直観‘直線上の点に比べて，平面上の点の方がはるかに多い’を戸惑わせるものではないだろうか．この状況を説明するために，同じ $\aleph^2 = \aleph$ の結果を少しいい直して (上の $\boldsymbol{R}^2$ の代わりに $[0,1] \times [0,1]$ をとって)

> 1 辺が 1 の正方形の点と，長さ 1 の線分上の点とは 1 対 1 に対応する．

といっておく．

このとき，読者の中には，もしこの結果を認めれば，長い糸をもってきて (長さ 1 の線分を，ずっと引きのばして！)，それを重ならないようにして正方形の中に折りこんでいったとき，正方形の全部をうめつくせそうなものだが，そんなことは，もちろんできそうにもない，上の結果は何かおかしいという感じをもつ人がいるかもしれない．

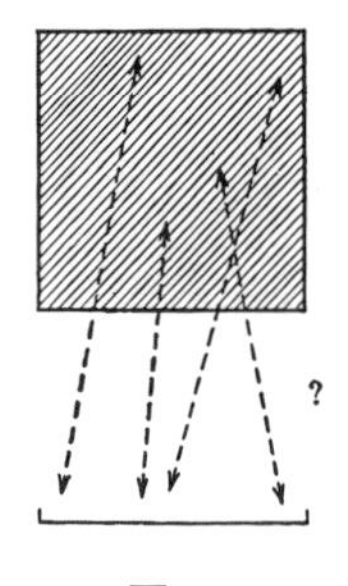

図 35

上の結果の述べていることは，このように，つながった糸を複雑において，正方形をうめつくすなどということではないのである．次のようなたとえの方が理解を助けるのではないだろうか．正方形をした机の上に，微小な粉末状の砂が一面に撒かれていたとする．この砂を全部集めてまず袋の中に入れる．この袋に，ちょうど 1 粒の砂だけがこぼれるような小さな穴をあけ，この袋をもって，直線上の道をずっと歩いて行くことを想像しよう．そのとき，この砂は一つずつこぼれ落ちていって，この直線上に，微小な点となって，点々と並んでいくだろう．このようにして，正方形を占めていた砂の全体と，直線上

の砂とが1対1に対応するのである．はじめにあった正方形という図形は，点が1つ1つばらされ，袋に入れられたとき，完全に消えてしまったのである．したがって，この袋から，直線上にこぼれ落ちていく砂粒は，もう正方形のどこにあった砂粒かは，わからない．正方形の中のごく近くにあった点も，直線上では，全く離れ離れにおかれているかもしれない．

すなわち，正方形の中にある点を，完全に1つ1つにばらして，単に集合の元とみると，これは線分上の点と1対1に対応するというのが，上の結果である．読者は，この結果から，集合論の観点とはどのようなものか，察知されたのではなかろうか．

このたとえ話から，今度は逆に，それでは，1辺が1の立方体に含まれる点全体も，区間 $[0,1]$ の点と1対1に対応するのではないかと考えられてくるだろう．実際，そのことが正しいということを保証するのが，公式 (I) で $n=3$ の場合の式

$$\aleph^3 = \aleph$$

である．

一般に上の公式 (I) の

$$\aleph^n = \aleph$$

は，$\boldsymbol{R}$ の n 個の直積 $\boldsymbol{R}^n$ の点全体と，直線上の点全体——$\boldsymbol{R}$——とが1対1に対応していることを示している．

平面上の円全体のつくる集合

コンパスを用いて，私たちは，平面上に，実にさまざまな円を画くことができる．このような平面上の円全体のつくる集合 C の濃度を，どのようにして求めるかを述べておこう．

平面上に，直交座標を導入しておく．このとき，円は中心 (x_0, y_0) と，半径

$r\ (>0)$ によって完全にきまる．(円の方程式は，$(x-x_0)^2+(y-y_0)^2=r^2$ であることを思い出しておこう．) すなわち，円と，3つの数の組 (x_0, y_0, r) とは1対1に対応している．

したがって

$$C \simeq \boldsymbol{R}^2 \times \boldsymbol{R}^+$$

である．ここで $\boldsymbol{R}^+ = \{r \mid r \text{ は正の実数}\}$，$\overline{\overline{\boldsymbol{R}^+}} = \aleph$ だから，右辺の集合の濃度は $\aleph^2 \times \aleph = \aleph^3$，公式 (I) からこれは $\aleph$ に等しい．したがって

$$\overline{\overline{C}} = \aleph$$

である．

平面上の凸5角形全体のつくる集合

円全体のつくる集合 C の濃度は，比較的簡単に求められたが，座標平面上の凸5角形全体のつくる集合 D の濃度を求めるためには，もう少し工夫がいる．それは，凸5角形は，頂点の5つの点できまるが，勝手に平面上に5つの点をもってきても，これは凸5角形の頂点になるとは限らないからである (図36の破線の図形)．

まず $\aleph \leqq \overline{\overline{D}}$ であることを注意しよう．なぜなら，1つの凸5角形 S を任意にとってきて，それを相似比 r で，r 倍したものを rS とかくと，対応 $r \longrightarrow rS$ は，$\boldsymbol{R}^+$ から，集合 D の中への1対1対応となるからである．

一方，任意の凸5角形の頂点に，次のように番号をつけることができる．5つの頂点のうち，1番左にあるものに注目する．この点は2つあるかもしれない．そのときは，下にある方の点をとり，これを1番目の頂点 P_1 とする (図37)．以

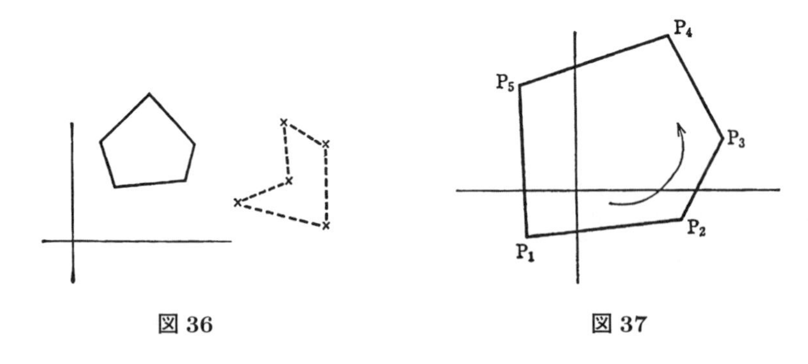

図 36　　　図 37

下，この点から出発して，時計と逆向きに凸 5 角形の周上を 1 周するとき，順に出てくる頂点を $\mathrm{P}_2, \mathrm{P}_3, \mathrm{P}_4, \mathrm{P}_5$ とする．これらの座標を

$$(x_1, y_1),\ (x_2, y_2),\ (x_3, y_3),\ (x_4, y_4),\ (x_5, y_5)$$

とする．

このようにして，凸 5 角形の 1 つ 1 つに，10 個の実数の組 $(x_1, y_1, \ldots, x_5, y_5)$ が，1 対 1 に対応している．したがって D から $\boldsymbol{R}^{10}$ の中への 1 対 1 対応が得られた．ゆえに

$$\overline{\overline{D}} \leqq \overline{\overline{\boldsymbol{R}^{10}}} = \aleph^{10} = \aleph \quad (\text{公式 (I)})$$

結局

$$\aleph \leqq \overline{\overline{D}} \leqq \aleph$$

が得られて，ベルンシュタインの定理から

$$\overline{\overline{D}} = \aleph$$

が証明された．

ベルンシュタインの定理は，このような場合にしばしば有効に用いられる．

同じ証明で，平面上の凸 n 角形 $(n \geqq 3)$ の全体のつくる集合の濃度は $\aleph$ であることが示され，したがってまた，すべての $n = 3, 4, \ldots$ について直和をとって得られる，平面上の凸多角形全体のつくる集合も，また濃度 $\aleph$ であることがわかる．

Tea Time

次元について

ここで述べたように，集合という立場からみる限り，1 次元も，2 次元も，3 次元もすべて同じ濃度 $\aleph$ をもつ集合となって，何の区別もないことになってしまう．集合論の世界では，4 次元の世界にファンタジーをくりひろげるような，SF の夢は消滅してしまうのである．

しかし，たとえば，$\boldsymbol{R}^1$ と $\boldsymbol{R}^2$ とでは，点が連続的につながっている模様は全然違う．$\boldsymbol{R}^1$ では，原点 O を除いてしまうと，負の数を少しずつ連続的に動かし

ていって，最後に正の数へ辿りつかせるようなことは，絶対にできない．O で穴があいているからである．だが，$\boldsymbol{R}^2$ では，原点 O を除いても，任意の点 P を，少しずつ連続的に動かして任意の点 Q へ辿りつかせることは，常に可能である．なぜなら，原点 O を通らない P から Q への道がつくれるからである．

このことは，単に集合の観点だけではなくて，‘連続性’という性質もあわせて考えれば，1 次元，2 次元，3 次元，... のそれぞれは，はっきりと区別できるような，異なった性質をもつに違いないということを示唆するものである．実際，次の定理はよく知られている．

$m \neq n$ ならば，$\boldsymbol{R}^m$ から $\boldsymbol{R}^n$ の上への 1 対 1 の連続な写像は存在しない．

質問　いままでの話だけで，こんなことを考えるのは速断かもしれませんが，ふつうの数学では，有限濃度 $1, 2, \ldots, n, \ldots$ と可算濃度 $\aleph_0$ と，連続体濃度 $\aleph$ しか出てこないのでしょうか．

答　私が数学を学んできた経験からいえば，そういってよいと思う．もちろん，第 18 講でみるように，$\aleph$ よりもっと高い濃度をもつ集合も存在している．しかし，‘ふつうの数学’でこのような集合を取り扱う機会はほとんどないといってよいのである．この理由の一つは，数学を表現する形式が，非常に深い所で，自然数と実数という数学の中の動かし難い 2 つの‘実在’によっているからではないかと思う．

第 17 講

連続体の濃度をもつ集合 (つづき)

テーマ

- ◆ ${\aleph_0}^{\aleph_0} = \aleph$；$\aleph^{\aleph_0} = \aleph$
- ◆ 自然数列のつくる集合の濃度は $\aleph$
- ◆ 実数列のつくる集合の濃度は $\aleph$
- ◆ 区間 $[0,1]$ 上で定義された連続関数
- ◆ 連続関数の集合 $C[0,1]$ の濃度は $\aleph$

公　　式

次の公式が成り立つ.

$$\text{(II)} \quad {\aleph_0}^{\aleph_0} = \aleph, \qquad \aleph^{\aleph_0} = \aleph$$

【証明】 まず下の等式から示そう．第 14 講の定理から $2^{\aleph_0} = \aleph$．したがって

$$\begin{aligned} \aleph^{\aleph_0} &= (2^{\aleph_0})^{\aleph_0} \\ &= 2^{\aleph_0\aleph_0} && (\text{第 14 講 (4)}) \\ &= 2^{\aleph_0} && (\text{第 14 講 (1)}) \\ &= \aleph \end{aligned}$$

これで下の等式が示された．上の等式は

$$\aleph = 2^{\aleph_0} \leqq {\aleph_0}^{\aleph_0} \leqq \aleph^{\aleph_0} = \aleph$$

と，ベルンシュタインの定理から得られる． ∎

自然数列のつくる集合

公式 (II) で示されている ${\aleph_0}^{\aleph_0} = \aleph$ は，自然数の集合 $\boldsymbol{N}$ の可算個の直積集合の濃度が $\aleph$ であるということである：

$$\overline{\overline{\boldsymbol{N} \times \boldsymbol{N} \times \cdots \times \boldsymbol{N} \times \cdots}} = \aleph$$

すなわち，自然数のつくる数列

$$(n_1, n_2, \ldots, n_k, \ldots)$$

全体のつくる集合の濃度は $\aleph$ である．第 10 講の Tea Time を見直してみるとわかるように，このような自然数列に対して，区間 $(0,1)$ に属する無理数がちょうど 1 対 1 に対応している．したがって ${\aleph_0}^{\aleph_0} = \aleph$ という結果は，無理数の集合が，濃度 $\aleph$ をもつということと，同じことを述べたことになっている．

ついでながら，自然数の増加列

$$n_1 < n_2 < n_3 < \cdots < n_k < \cdots$$

全体のつくる集合も，濃度 $\aleph$ をもつことを示しておこう．

このような，自然数の増加列に対して，無限級数

$$\frac{1}{2^{n_1}} + \frac{1}{2^{n_2}} + \frac{1}{2^{n_3}} + \cdots + \frac{1}{2^{n_k}} + \cdots$$

を考えてみる．この無限級数は，$(0,1]$ 区間の数を，無限 2 進小数展開したとき，ちょうど，小数点以下 n_1 位に 1，n_2 位に 1，… となる数を表わしている：

$$\begin{array}{c} 0.0\cdots\underset{\vdots\atop n_1}{1}0\cdots0\underset{\vdots\atop n_2}{1}0\cdots0\underset{\vdots\atop n_3}{1}0\cdots \end{array}$$

このような形の無限 2 進小数展開によって，区間 $(0,1]$ に属するすべての数が表わされていることは明らかであろう．したがって，自然数の増加列と，区間 $(0,1]$ の実数とが 1 対 1 に対応している．このことから，自然数の増加列全体のつくる集合の濃度は，$\aleph$ であることがわかる．

実数列のつくる集合

公式 (II) で示されている $\aleph^{\aleph_0} = \aleph$ は，実数の集合 $\boldsymbol{R}$ の可算個の直積集合の濃度が $\aleph$ であるということである：

$$\overline{\overline{\boldsymbol{R} \times \boldsymbol{R} \times \cdots \times \boldsymbol{R} \times \cdots}} = \aleph$$

すなわち，実数列 $(x_1, x_2, \ldots, x_k, \ldots)$ 全体のつくる集合の濃度は $\aleph$ である．

実数列全体のつくる集合を $\boldsymbol{R}^\infty$ と表わすことがある．$\boldsymbol{R}$ の n 個の直積集合 $\boldsymbol{R}^n$ (n 次元空間！) の点 $(x_1, x_2, \ldots, x_n)$ に対して，$\boldsymbol{R}^\infty$ の点

$$(x_1, x_2, \ldots, x_n, 0, 0, 0, \ldots)$$

を対応させることにより，$\boldsymbol{R}^n$ から $\boldsymbol{R}^\infty$ の中への 1 対 1 対応が得られる．この対応を通して，$\boldsymbol{R}^n$ は，$\boldsymbol{R}^\infty$ の部分集合となっていると見なすこともできる．この見方をするときには

$$\boldsymbol{R}^1 \subset \boldsymbol{R}^2 \subset \boldsymbol{R}^3 \subset \cdots \subset \boldsymbol{R}^n \subset \cdots \subset \boldsymbol{R}^\infty$$

となる．前講の結果から，これらの $\boldsymbol{R}^\infty$ の部分集合の濃度はすべて $\aleph$ である．

なお，直和

$$\coprod_{n=1}^{\infty} \boldsymbol{R}^n$$

は，$\boldsymbol{R}^\infty$ の中で有限数列全体のつくる部分集合となっていることを注意しておこう．

連続関数

区間 $[0,1]$ で考えても，$\boldsymbol{R}$ 全体で考えても，違いはないのだが，図示しやすいこともあって，区間 $[0,1]$ で考えることにする．

区間 $[0,1]$ 上で定義されている連続関数を $y = f(x)$ とする．ここで関数が連続であるとは，区間 $[0,1]$ の中の数列 $x_1, x_2, \ldots, x_n, \ldots$ が，n が大きくなるとき，x_0 に近づくならば，

$$f(x_1), f(x_2), \ldots, f(x_n), \ldots$$

も，しだいに $f(x_0)$ に近づくという性質をもつことである．

直観的にいえば，$y = f(x)$ が連続であるとは，$y = f(x)$ のグラフがつながっているということである．図 38 の (I) では，3 つの連続関数のグラフを示しており，(II) では不連続関数のグラフを示している．

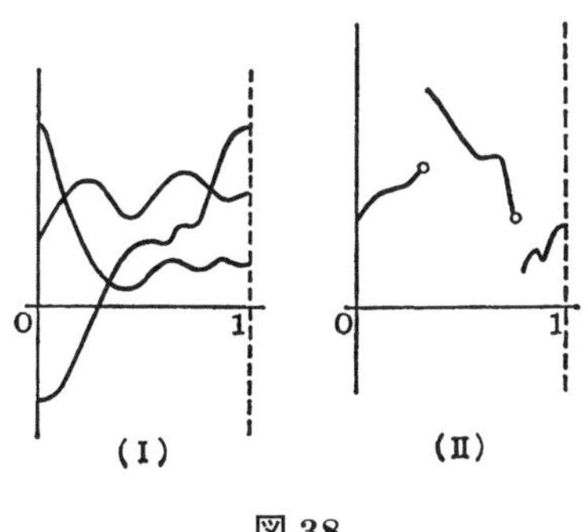

図 38

すぐあとで用いる連続関数の一つの性質を述べておこう．

(★)　f と g を区間 $[0,1]$ 上で定義された連続関数とする．このとき，すべての有理数 r $(0 \leqq r \leqq 1)$ で，

$f(r) = g(r)$ が成り立つならば，実は，すべての実数 x $(0 \leqq x \leqq 1)$ に対して $f(x) = g(x)$ が成り立つ．

【証明】 f と g が任意の無理数 x で同じ値をとることを示しさえすればよい．無理数 x $(0 < x < 1)$ を無限小数で表わし

$$x = 0.\alpha_1\alpha_2\alpha_3\cdots\alpha_n\cdots$$

とする．

$$r_1 = 0.\alpha_1, \quad r_2 = 0.\alpha_1\alpha_2, \quad r_3 = 0.\alpha_1\alpha_2\alpha_3, \quad \ldots$$

とおくと，$r_1, r_2, r_3, \ldots, r_n, \ldots$ は有理数からなる数列で，

$$r_n \longrightarrow x \quad (n \to \infty)$$

である．仮定から

$$f(r_n) = g(r_n) \quad (n = 1, 2, \ldots)$$

が成り立ち，f と g は連続だから，ここで $n \to \infty$ とすると

$$f(x) = g(x)$$

となる．これで証明された． ∎

連続関数のつくる集合

区間 $[0, 1]$ 上で定義された連続関数全体のつくる集合を $C[0, 1]$ で表わす．このとき，次の結果が成り立つ．

> $C[0, 1]$ の濃度は $\aleph$ である．

【証明】 (i)　$\overline{\overline{C[0, 1]}} \geqq \aleph$ である．

なぜなら，任意の実数 α に対して，定数関数

$$f(x) = \alpha$$

を考えると，α に対して f を対応させる対応は，$\boldsymbol{R}$ から $C[0, 1]$ の中への1対1対応を与えている．したがって

$$\overline{\overline{C[0, 1]}} \geqq \overline{\overline{\boldsymbol{R}}} = \aleph$$

(ii)　$\overline{\overline{C[0, 1]}} \leqq \aleph$ である．

いま区間 $[0, 1]$ に含まれる有理数全体のつくる集合を考える．この集合は可算集合だから

$$\{r_1, r_2, r_3, \ldots, r_n, \ldots\} \tag{1}$$

と表わすことができる．

$f \in C[0,1]$ に対して，数列

$$(f(r_1), f(r_2), f(r_3), \ldots, f(r_n), \ldots)$$

を対応させてみよう．この数列を $\boldsymbol{R}^\infty$ の元と考えることにする．(★) によって，$f \neq g$ ならば，必ずある有理数 r $(0 \leqq r \leqq 1)$ が存在して，$f(r) \neq g(r)$ となる．この r は，(1) の中に含まれている．したがって，$\boldsymbol{R}^\infty$ の元として

$$(f(r_1), f(r_2), \ldots) \neq (g(r_1), g(r_2), \ldots)$$

となる．このことは，対応

$$f \longrightarrow (f(r_1), f(r_2), \ldots, f(r_n), \ldots)$$

が，$C[0,1]$ から $\boldsymbol{R}^\infty$ の中への 1 対 1 対応を与えていることを示している．したがって

$$\overline{\overline{C[0,1]}} \leqq \overline{\overline{\boldsymbol{R}^\infty}} = \aleph$$

(iii)　(i) と (ii) から，ベルンシュタインの定理によって，$\overline{\overline{C[0,1]}} = \aleph$ が証明された． ∎

図 38 (I) を見てもわかるように，連続関数のグラフなど自由に書けるから，$C[0,1]$ の濃度は，実数の濃度 $\aleph$ よりはるかに多いようにみえる．しかし，上でみたように，結局のところ，連続関数全体のつくる集合の濃度は，定数関数——グラフが x 軸に平行な関数——全体のつくる集合の濃度 $\aleph$ に等しくなってしまうのである．この発見は驚くべきことに思われる．

Tea Time

質問　$C[0,1]$ の濃度が $\aleph$ であるという上の証明は，ベルンシュタインの定理などを用いており，間接的で，何かもう一つはっきりしないような感じが残ります．解析学の結果などを用いてもよいことにすれば，もう少し見通しよい証明があってもよいように思います．

答　区間 $[0,1]$ で定義されているハールの直交関数系というものがある．この関

数列は，ふつう

$$\{{\chi_0}^{(0)}(x), {\chi_0}^{(1)}(x), {\chi_1}^{(1)}(x), {\chi_1}^{(2)}(x), \ldots, {\chi_m}^{(k)}(x), \ldots\}$$

のように表わす．ここで $m = 1, 2, \ldots$ で，各 m に対して $1 \leqq k \leqq 2^m$ である．この関数列を簡単に番号をつけて

$$\{\chi_1, \chi_2, \ldots, \chi_n, \ldots\}$$

と表わすことにしよう．この関数列は

$$\int_0^1 \chi_i(x)\chi_j(x)dx = \begin{cases} 1, & i = j \\ 0, & i \neq j \end{cases}$$

という性質をもっているが，さらに，区間 $[0, 1]$ で定義された任意の連続関数は，この $\chi_1, \chi_2, \cdots$ を用いて，必ずただ 1 通りに

$$f(x) = C_1\chi_1(x) + C_2\chi_2(x) + \cdots + C_n\chi_n(x) + \cdots$$

と表わされることが知られている．右辺の級数は区間 $[0, 1]$ で一様に $f(x)$ に収束している．

この解析学の結果を用いると，$f \in C[0, 1]$ に対して，上の級数の係数

$$(C_1, C_2, \ldots, C_n, \ldots)$$

を対応させることにより，$C[0, 1]$ から $\boldsymbol{R}^\infty$ の中への 1 対 1 対応が得られる．したがって

$$\overline{\overline{C[0, 1]}} \leqq \aleph$$

が結論されることになる．

しかし，ここでもこれから $\overline{\overline{C[0, 1]}} = \aleph$ を導くにはベルンシュタインの定理が必要となる．ベルンシュタインの定理は，無限集合の濃度についての結論を導くためには，非常に強力な定理なのである．

第 18 講

ベキ集合の濃度

テーマ

- ◆ より高い濃度の集合を求めて
- ◆ $\mathfrak{m} < 2^{\mathfrak{m}}$
- ◆ $\boldsymbol{R}$ から $\boldsymbol{R}$ への写像全体のつくる集合の濃度は $\aleph$ より大きい.
- ◆ 無限の段階
- ◆ 集合の実在感？

より高い濃度の集合

今までに登場してきた無限濃度は, $\aleph_0$ と $\aleph$ である. それでは, $\aleph$ より高い濃度をもつ集合は存在するのだろうか. このことを考える手がかりは, $2^{\aleph_0} = \aleph$ という関係にある. この式は, 可算集合 $\boldsymbol{N}$ の部分集合全体のつくるベキ集合 $\mathfrak{P}(\boldsymbol{N})$ は, 可算濃度を越えて, 連続体濃度に達することを示している.

そのことから次のことが予想される. $\boldsymbol{R}$ のベキ集合 $\mathfrak{P}(\boldsymbol{R})$ の濃度は, $\aleph$ を越えているのではなかろうか.

実際, この予想は正しいのだが, 実はもっと一般に, どんな集合 M をとっても, ベキ集合 $\mathfrak{P}(M)$ の濃度は, M の濃度より大きくなることが示されるのである. すなわち次の定理が成り立つ.

【定理】 任意の集合 M に対し,

$$\overline{\overline{M}} < \overline{\overline{\mathfrak{P}(M)}}$$

が成り立つ.

この定理は

$$\mathfrak{m} < 2^{\mathfrak{m}}$$

と書いても同じことである．

定理の証明

M の元 x に対して，$\mathfrak{P}(M)$ の元 $\{x\}$ を対応させる対応は，明らかに 1 対 1 であって，M から $\mathfrak{P}(M)$ の中への 1 対 1 写像を与えている．したがって

$$\mathfrak{m} \leqq 2^{\mathfrak{m}}$$

が成り立つ．

ここで等号が成り立たないことを示すには，M から $\mathfrak{P}(M)$ への 1 対 1 対応 φ が存在したとして，矛盾の生ずることをみるとよい．

このような φ が存在したとしよう．φ は，M の各元 x に対して，M のある部分集合を 1 対 1 に対応させている写像である．このとき，M の任意の元 x に対して，次の 2 つの場合のどちらか一方だけが必ずおきる．

(i)　$x \in \varphi(x)$

(ii)　$x \notin \varphi(x)$

このところはすぐにはわかりにくいかもしれないから，M から $\mathfrak{P}(M)$ の中への 1 対 1 写像の場合に，対応することを例で説明しておこう．

$M = \{a, b, c, d\}$ とし，$\varphi(a) = \phi$，$\varphi(b) = \{b, d\}$，$\varphi(c) = \{b\}$，$\varphi(d) = \{a, b, c, d\}$ とする．このとき，$a \notin \phi$ だから，a について (ii) の場合が成り立っている．$b \in \{b, d\}$ だから，b については (i) の場合が成り立っている．同様にして c については (ii) の場合が，d については (i) の場合が成り立っている．

いま，(ii) が成り立つような x 全体のつくる部分集合を Z とする：

$$Z = \{x \mid x \notin \varphi(x)\} \tag{1}$$

Z は空集合かもしれないが，それは構わない．

すぐ上の例では，Z に相当する集合は $\{a, c\}$ である．

$Z \in \mathfrak{P}(M)$ だから，M の中にある元 z があって

$$\varphi(z) = Z$$

となっているはずである（φ は 1 対 1 対応！）．

z について (i) の場合が成り立っているとしよう．そのとき $z \in Z = \varphi(z)$ となり，Z の定義 (1) に反する．

z について (ii) の場合が成り立っているとしよう．そのとき $z \notin \varphi(z) = Z$ と

なり，したがって Z の定義から z については (i) が成り立つことになって $z \in Z$，ここでも再び矛盾した結果に導かれた．

(i)，(ii) の場合，ともに矛盾となったのだから，このことは最初の仮定 'M から $\mathfrak{P}(M)$ への 1 対 1 対応が存在する' が成り立たないことを示している． ∎

$\boldsymbol{R}$ から $\boldsymbol{R}$ への写像

定理を実数の集合 $\boldsymbol{R}$ に適用してみると，

$$\overline{\overline{\mathfrak{P}(\boldsymbol{R})}} > \aleph$$

となる．すなわち，$\boldsymbol{R}$ の部分集合全体のつくる集合を考えることによって，はじめて私たちは連続体の濃度を越える集合に出会ったことになる．

次に，$\boldsymbol{R}$ から $\boldsymbol{R}$ への写像全体のつくる集合 $\mathrm{Map}(\boldsymbol{R}, \boldsymbol{R})$ を考えてみよう．ふつうのいい方をすれば，これは，数直線上で定義された (連続，不連続な) すべての関数の集合である．この集合の濃度は，第 14 講の (5) から

$$\aleph^{\aleph}$$

であるが，

$$\aleph^{\aleph} = (2^{\aleph_0})^{\aleph} = 2^{\aleph_0 \aleph} = 2^{\aleph}$$

(注意：$\aleph \leqq \aleph_0 \aleph \leqq \aleph^2 = \aleph$ から，$\aleph_0 \aleph = \aleph$.) したがって，$2^{\aleph} > \aleph$ により，$\overline{\overline{\mathrm{Map}(\boldsymbol{R}, \boldsymbol{R})}} > \aleph$ である．

前講で，連続関数全体のつくる集合の濃度は $\aleph$ のことを示しておいたから，この結果は，不連続関数全体の集合が，連続関数の集合に比べて，はるかに高い濃度をもつことを示している．

より高い濃度の集合

$\boldsymbol{N}$ から出発するとして，

$$\overline{\overline{\mathfrak{P}(\boldsymbol{N})}} = \aleph$$

さらに

$$\overline{\overline{\mathfrak{P}(\mathfrak{P}(\boldsymbol{N}))}} = 2^{\aleph}$$

である．ここで $\mathfrak{P}(\mathfrak{P}(\boldsymbol{N}))$ は，$\mathfrak{P}(\boldsymbol{N})$ を 1 つの集合と考えたときの，部分集合

全体のつくる集合である．

この集合の構成はくり返していくことができる．帰納的に

$$\mathfrak{P}^n(\boldsymbol{N}) = \mathfrak{P}(\mathfrak{P}^{n-1}(\boldsymbol{N})), \quad n = 2, 3, \ldots$$

とおく．そうすると，濃度の増加列

$$\aleph_0 < \aleph < 2^{\aleph} < \overline{\overline{\mathfrak{P}^3(\boldsymbol{N})}} < \overline{\overline{\mathfrak{P}^4(\boldsymbol{N})}} < \cdots < \overline{\overline{\mathfrak{P}^n(\boldsymbol{N})}} < \cdots$$

が得られる．

すなわち，定理は，いくらでも濃度の高い集合が存在することを主張しているのである．

この可算列の先には，もうないかもしれないと考える読者もいるかもしれない．しかし

$$M = \bigcup_{n=1}^{\infty} \mathfrak{P}^n(\boldsymbol{N})$$

とおくと，すべての n に対して

$$\overline{\overline{\mathfrak{P}^n(\boldsymbol{N})}} < \overline{\overline{M}}$$

であり，したがって再び M からはじめて，さらに濃度の高くなっていく集合列

$$M \subset \mathfrak{P}(M) \subset \mathfrak{P}(\mathfrak{P}(M)) \subset \cdots$$

が得られていく．

この操作には，果てしがない．

無限の段階，集合の実在

上に述べたことは，カントルの集合論の見出した，誰にもその内容がよく理解できる，もっとも画期的な結果だったのかもしれない．集合の濃度をみていく限り，無限集合は，無限の段階をもっており，果てしない操作によって，いくらでも大きな無限集合を生産し続けることができるのである．無限の概念は，それ自身の中に，本質的な無限の姿を内蔵していたといってよい．

これから先は，この集合論のもたらした驚きに対する，多少アンチ・テーゼめいた，私の感想である．

論理的な演繹と，数学の形式の中で，見事に結晶してきたこの無限の世界像に，もちろん非のうちどころなどないのだが，$\mathfrak{P}(M)$，$\mathfrak{P}(\mathfrak{P}(M))$，…，$\mathfrak{P}^n(M)$，…と書かれた集合列に，私たちは，第 1 講で述べたような，集合——ものの集り——

としての認識感をどこまで保ち続けられるであろうか．構成している1つ1つのものを識別し，その全体を1つのまとまったものとみるような認識の力が，$\mathfrak{P}^n(M)$という対象に向かったときにも，なお私たちに残されているのだろうか．

すなわち，集合の実在感とでもいうべきものは，記号の中に託された概念と，その間を縫う論理の中にあるのか，それとも，第1講で述べたような，本来素朴な形をとる，私たちの‘ものの集り’に対する認識の中にあるのか．換言すれば，集合論が示した驚嘆すべき世界像を，数学の中では，虚構の影を論理に託した形式の世界であるとみるのか，あるいは，実在の世界とみるのか，これは厄介な難しい問題である．カントルの集合論をめぐって，20世紀初頭，多くの逆理が提起され，激しい議論が湧き上ったが，この逆理の背後にあって，1人1人の数学者に対峙するようにして問いかけてきたのは，無限の認識にからむ，この避けがたい，難しい問題であったと思われる．

Tea Time

質問　集合論の逆理というのはどんなものなのですか．

答　ラッセルの逆理とよばれているものだけを述べておこう．集合を次のように2つの種類に分類する．

　第1種の集合：自分自身を元としてもたない集合

　第2種の集合：自分自身を元としてもつ集合

これを読んだだけでは，第1種，第2種の分類が何を述べているのか，よくわからないだろう．ふつう考える集合は第1種である．しかし

　「食べられないもの全体のつくる集合」

といえば，食べられないものをすべて集めたものは，やはりそれ自身食べられないのだから，この集合の中に含まれている．すなわちこの集合は，第2種である．

そこでラッセルは次のような逆理を提起した．

すべての第1種の集合全体のつくる集合を X とする．X は第1種か，第2種である．

もし，X が第 1 種とすると，X は自分自身を元としてもたないのだから，X は第 1 種ではなく矛盾となる．

もし，X が第 2 種とすると，X は自分自身を元としてもつのだから，X の定義から，X は第 1 種となり矛盾である．したがって X は第 1 種でも，第 2 種でもない．このようにして，正しい推論から矛盾が生じたのだから，これは逆理である!!　しかし，この全体の推論の中に，何か妙なもの——集合の素朴な概念と，形式論理との間の亀裂のようなもの——を感じないだろうか．この逆説は，集合とは何かを，改めて問うているように，みえてくるだろう．

第 19 講

可算集合を並べる

テーマ
◆ 序数としての自然数の働き
◆ 可算集合を並べてみる
◆ 有限集合と無限集合の並ばせ方の違い
◆ 順序数 ω, 超限順序数

序　　　数

第 2 講で述べたように，自然数には基数としての機能だけではなくて，

first, second, third, ...

という序数の機能ももっている．序数としての機能は，ものを 1 列に並べて番号をつけていく働きであって，ごく日常的にいえば背番号をつけていくことである．果物屋の店先に，雑然と積まれている 100 個のリンゴの集りに，もし‘背番号’がつけられれば，「17 番目のリンゴと，83 番目のリンゴを下さい」といういい方が可能になる．つまり番号をつけることによって，集合の元が，特定されてくるのである．これは確かに，個数を数える——濃度——考え方とは，違った考え方である．

今まで示してきたように，自然数のもつ基数という働きに注目して，それをさらに無限集合にまで拡張して考えてみようとすることによって，濃度という概念を得た．それでは今度は，自然数のもつ序数としての働きに注目して，これを無限集合にまで拡張しようとするならば，一体，そこにはどのような概念が誕生してくるだろうか．

1つの注意

いま，校庭のグランドで野球をはじめようとする前に，体育備品置場からベー

スをもってきて，グランドにベースをおこうとする．同じ形をした3つのベースをもってきて，それから一つずつ適当にとって，1塁の場所，2塁の場所，3塁の場所におく．このおき方は1通りであって，所定の場所におかれた上で，はじめて，ファースト・ベース，セカンド・ベース，サード・ベースの名前がつく．序数3は，このような順序のついた並べ方を指している．

並べ方について，順列や組合せを知っている人は，3つのものの並べ方は，6通りあるのではないかと思うかもしれない．それは3つのものに名前がついている場合，たとえば，田中君，山田君，佐藤さんを1列に並べる並べ方は，田中君を1番目にするか，佐藤さんを1番目にするかなどを考えると，全部で6通りあるといっているのである．序数の考えはもっと基本的であって，元の間に何の区別もない，'集合'の元を，順序をつけて並べる仕方ということだけに注目している．

可算集合を並べてみる

可算集合の代表的なものは，自然数の集合 $\boldsymbol{N} = \{1, 2, 3, \ldots\}$ であるが，これは元に名前がついていて，'並べる'というときに，上の注意のような誤解の生ずるおそれがある．そのため，説明の最初の段階では，例として集合 $\boldsymbol{N}$ をとってくることは，あまり適当でないと思われる．そこで可算集合

$$X = \{*, *, *, \ldots, *, \ldots\}$$

をとることにする．1つ1つの $*$ が，X の元を表わしている．この X の元を順に並べていくことを考えよう．

X の元を適当に順次，1番目，2番目，... と取り出していくと，X の元からなる無限系列

$$\{a_1, a_2, a_3, \ldots, a_n, \ldots\}$$

が得られる．

ここで3つの場合が生じてくる．

$$\text{(I)} \quad X = \{a_1, a_2, a_3, \ldots, a_n, \ldots\}$$

$$\text{(II)} \quad X = \{a_1, a_2, a_3, \ldots, a_n, \ldots, \overbrace{* * * \ldots *}^{\text{有限個}}\}$$

$$\text{(III)} \quad X = \{a_1, a_2, a_3, \ldots, a_n, \ldots, \overbrace{* * * \ldots * \ldots}^{\text{無限個}}\}$$

(I) の場合は，X の元を適当に取り出して番号をつけていったところ，自然数の番号 $1, 2, 3, \ldots$ をつけ終ったとき，X の元がちょうどなくなってしまった状況である．(II) はいくつかの有限個の元に，番号がつけられないまま残ってしまった状況である．(III) の場合には，番号のない元が，まだ無限に残っている．

たとえば，X として $\boldsymbol{N}$ をとってみる．このとき，$1, 2, 3, \ldots$ と自然数の順番通りにそのまま並べていくと (I) の場合になる．1, 2, 3, 4 をあとまわしにすることにして，$5, 6, 7, \ldots$ からはじめて 1 番目，2 番目，3 番目と番号をつけていくと，全部番号をつけたとき，$\{1, 2, 3, 4\}$ だけが残ってしまう．これが (II) の場合である．偶数だけに注目して，$2, 4, 6, 8 \ldots$ に最初に番号 $1, 2, 3, \ldots$ をつけてしまうと，全部番号をつけたときに，奇数の場合 $\{1, 3, 5, 7, \ldots\}$ が，そっくりそのまま，‘番号なし’で残される．これが (III) の場合である．

有限集合と無限集合の並ばせ方の違い

上に述べたことは，たとえていえば，無限個——$\aleph_0$ 個——ベースを必要とする野球のゲームでは，ファースト，セカンド，... とベースを並べる仕方は 1 通りでないことを示している．(I) のようにベースを並べてゲームをすると，$\{a_1, a_2, a_3, \ldots\}$ とベースを回ってきたランナーがいれば，得点が 1 点入るが，(II) のようにベースを並べたときには，さらにもう有限個のベース $\{*, *, *, \ldots, *\}$ を踏まないと得点にならない．(III) の場合には，ランナーはさらにまだ無限個のベースを踏まなければ得点にならない．

同じベースを用いても，並べ方でゲームの規則が変ってしまうのである．有限個のときには，ベースの並べ方で，ゲームの規則がかわることはなかった．その意味で，3 個のベースに対して，その並べ方は本質的に 1 つである．したがって，基数 3 に対して序数 3 が対応し，結局同じ数字 3 で，基数と序数の 2 つの機能を，同時に表わすことができた．しかし，ベースの数が有限ではなくなって，$\aleph_0$ となると，濃度だけでは並び方が一意的に決まらないのである．基数と序数が 1 対 1 に対応している状況は，無限になると崩れてくる．

順序数 ω

数 1 (the first)，2 (the second)，3 (the third)，... は序数であるが，一般的な立場では，これを順序数という．もう少し正確にいうと

1 は：1
2 は：1, 2
3 は：1, 2, 3
　……
n は：1, 2, 3, $\cdots$, n
　……

この右辺は，単に集合の元を表わしているのではなく，左から右へ，順序をつけて元が並んでいると考えている．

という順序を表わしているとみる．

このような順序数 $1, 2, 3, \ldots, n, \ldots$ の自然な拡張として，

$$1, 2, 3, 4, \ldots, n, \ldots$$

と並ぶ順序を ω で表す．ω も 1 つの順序数と考える．ω は，無限集合 $\{1, 2, 3, 4, \ldots, n, \ldots\}$ に 1 つの順序の与え方を指定している．このことを強調したいときには，超限順序数という．

たとえば可算集合

$$X = \{*, *, *, \ldots, *, \ldots\}$$

が

$$a_1, a_2, a_3, \ldots, a_n, \ldots$$

と並べられ，これで X の元がすべてつくされているときには，X は，順序数 ω の型で並べられたという．

また，X の元を並べたときに

$$a_1, a_2, a_3, \ldots, a_n, \ldots, \tilde{a}$$

という形になったときには，X は，順序数 $\omega + 1$ の型で並べられたという．

同様のいい方で，X の元の並べ方が

$$a_1, a_2, a_3, \ldots, a_n, \ldots, \tilde{a}_1, \tilde{a}_2, \ldots, \tilde{a}_m$$

と，終りの方に，m 個の元が順に並んでいるときには，X は，順序数 $\omega + m$ の型で並べられたという．

このようにして有限の順序数から，超限順序数へとつながっていく系列

$$1, 2, 3, \ldots, n, \ldots, \omega, \omega+1, \ldots, \omega+m, \ldots$$

が得られた．

この先を続けていくと

$$1, 2, 3, \ldots, n, \ldots, \omega, \omega+1, \ldots, \omega+m, \ldots, \omega+\omega$$

という順序数の系列が得られる．$\omega+\omega$ と表わす意味は大体明らかと思うが，厳密な定義は，第 24 講で述べる．

たとえば，自然数 $\boldsymbol{N}$ を

$$2, 4, 6, \ldots, 2n, \ldots, 1, 3, 5, \ldots, 2m+1, \ldots$$

の順序で並べる並べ方は，順序数 $\omega+\omega$ にしたがう並べ方である．

Tea Time

整数の集合の並び方

整数の全体は，小さい方からしだいに大きくなる順で，左から右へ順に

$$\ldots, -3, -2, -1, 0, 1, 2, 3, \ldots$$

と並んでいる．この並び方を表わす‘序数’に相当するものは，数学では特に用意されていない．‘序数’というときには，やはり 1 番目，2 番目，3 番目と順次数え上げられていくものでなくてはいけない．整数の列は左の方にどこまでも延びている．したがって，1 番目と数えはじめる出発点となる数がないのである．

質問　有理数全体のつくる集合 $\boldsymbol{Q}$ は可算集合で，有理数は，数直線上に稠密に並んでいると思います．このような並び方は，上の順序数の説明での並び方と様子が全然違うように思います．この場合，並んでいるといっても，1 番目，2 番目と番号がつけられるような状況ではありません．無限集合の並べ方というときには，一体，どのような並べ方を考えようとしているのか，はっきりいうことはできるのですか．

答　この講では，順序数の概念とはどんなものかを知ってもらうために，ごく簡単な例でしか話をしなかった．実際，無理数の集合とか，$\mathfrak{P}(\boldsymbol{R})$ などという無限集合に，序数の拡張を試みることは，難しい問題であって，このような問題を取り扱う前には，質問にあったように，'並べ方' とは何かを，明確に述べておかなくてはならない．数直線上に並ぶ有理数のような並び方では，1 番目，2 番目と，並んでいる順に数え上げていくことはできないから，序数の概念の拡張を考えるには適しない．

無限集合で，'元を並べていく' という操作は，何を意味するのだろうか．カントルは，この操作を，無限集合に導入することをひとまず避けて，もっと抽象的な整列集合という概念を導入して，そこから議論をはじめようとした．しかし，そうしてみても，本質的な難しさは変らなかったのである．このことについては，次講以下で述べていくことにする．

第 20 講

順序集合

テーマ
- ◆ 無限集合を並べる？
- ◆ 順序，順序集合
- ◆ 全順序集合
- ◆ 順序集合の同型
- ◆ 上界，下界：最大元，最小元

問題の設定

集合論の対象となるものは，単に自然数の集合 $\boldsymbol{N}$ や，実数の集合 $\boldsymbol{R}$ だけではない．集合に対する実在感をどのようにもったらよいかわからぬような，高次の $\boldsymbol{R}$ のベキ集合，たとえば $\mathfrak{P}^{120}(\boldsymbol{R})$ なども含んでいる．このような，茫漠とした無限という対象に対して，‘元を１つ１つ並べていく’という日常的な考えに根ざす，序数の拡張を望むことなど，所詮，無理なことではなかろうか．

集合の認識は，第１講でも述べたように，１つのまとまった総合的なものとした認識であって，集合を画くとき，円で囲った図で済ましてしまうような捉え方が基本となっている．しかし，序数の考えの導入には，元を１つずつ並べていくという考えが基本である．たとえば，世界中の砂粒の集合を，基数の立場でみるときは，１つのまとまったものとした見方でよいが，序数の立場からみるならば，世界中の砂粒が集められ，整理されて，１粒，１粒がはっきりとした認識の対象となって，恐しいような長さをもつ一直線上に全部，一斉に配列されているさまを思ってみることになる．

世界中の砂粒をこのように１列に並べることを想像してみることさえ，私たちには，もう想像力の限界にあることを感じさせる．まして，実数の集合 $\boldsymbol{R}$ や，上に書いた $\mathfrak{P}^{120}(\boldsymbol{R})$ などという集合の元を，ひとまずばらばらにして，整理して，全部並べていくなどという考えは，想像を絶している．

自然数の中にある2つの機能，基数と序数のうちで，基数の概念は，濃度という概念におき代って，無限集合に対してもごく自然に拡張されていったが，序数の概念の拡張には，このように，いやでも無限の深淵を覗きこまざるをえないような認識の問題が含まれていた．

集合論の創始者カントルの直面せざるを得なかった，最も深刻な問題は，この点にあったと思われる．カントルは，無限集合に対する序数——超限順序数——を導入する登山口を，整列集合という大道から近づいて見出そうとしたのであるが，この大道の行きつく先には，やはり，この大きな問題が，山のように行く手をはばんでいたのである．

これからは，カントルにならって，整列集合から，超限順序数への道を歩んでみることにする．そのあとで，カントルの行く手をはばんだ問題——整列可能定理——へと話を進めていきたい．

順 序 集 合

【定義】　集合 M の2つの元の間に成り立つ関係 $x \leqq y$ が与えられて，

(i)　$x \leqq x$

(ii)　$x \leqq y$ で $y \leqq x$ ならば $x = y$

(iii)　$x \leqq y$，$y \leqq z$ ならば $x \leqq z$

をみたすとき，この関係 $\leqq$ を順序といい，順序の与えられた集合を順序集合という．

(i) は，少くとも自分自身との間には，この関係 $\leqq$ が成り立つということを示している．(ii) と (iii) は‘もし，…が成り立てば，…が成り立つ’といっている条件文である．したがって極端の場合，集合 M の各元に対しては，$x \leqq x$ という関係はあるが，x と y が異なるときには何の関係はないとしても，(i)～(iii) をみたし，これも順序となる．

順序集合で，$x \neq y$ で，$x \leqq y$ という関係が成り立つとき，$x < y$ と表わし，x は y より小さい，または，y は x より大きいという．

【例1】　自然数の集合 $\boldsymbol{N}$，実数の集合 $\boldsymbol{R}$ は，ふつうの数の大小関係で順序集合となる．

【例 2】 英和辞典にのっているすべての単語の集りは順序集合となる．たとえば，brother，boat，book は boat，book，brother の順で辞書にのっている．このように，前の方にのっている単語の方が小さい，すなわち boat<book<brother として単語全体に順序が入っている．私たちが，この順序にしたがって，迷わずに辞書が引けるのは，アルファベット a, b, c, . . . , x, y, z に順序が入っていることが基本となっている．

【例 3】 集合 M $(\neq \phi)$ のベキ集合 $\mathfrak{P}(M)$ を考える．$\mathfrak{P}(M)$ の元は M の部分集合である．$A, B \in \mathfrak{P}(M)$ に対して，$A \subset B$ のとき，$A \leqq B$ と定義する．このときこの関係は順序となり，$\mathfrak{P}(M)$ は順序集合となる．たとえば，$M = \{1, 2, 3, 4\}$ のとき

$$\phi < \{1\} < \{1, 2\} < \{1, 2, 3\} < \{1, 2, 3, 4\}$$

であるが，$\{1, 2\}$ と $\{1, 3\}$ の間には，順序の関係はない．

【例 4】 図 39 のような，○ で示してある元からなる集合 (a), (b), (c) は，2 つの元 x, y が，下から上へ行く線分の道で結ばれているとき，$x \leqq y$ の関係があると定義することにより，順序集合となる．たとえば，(b) の場合では

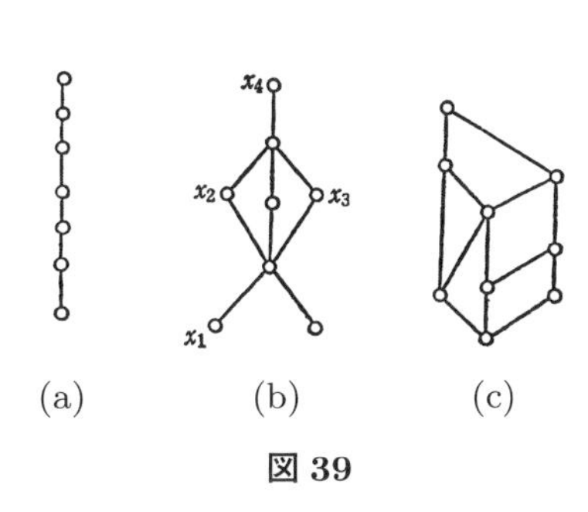

図 39

$$x_1 < x_2 < x_4, \quad x_1 < x_3 < x_4$$

であるが，x_2 と x_3 の間には，何の順序関係もない．

全順序集合

この例でみるように，M を順序集合としても，M の任意の 2 元 x, y をとったとき，x と y の間に必ずしも順序の関係があるとは限らない．極端な場合，順序関係は $x \leqq x$ だけであるとすると，M の相異なる 2 元の間には，何の順序関係もないことになる．したがって，すべての元の間に，辞書の単語のように，大小の順序関係があるのは，順序集合の中では特別なものである．そのことを理解し

てもらった上で，次の定義を見ると，定義の意味することがわかるだろう．

【定義】 順序集合 M で，M の任意の2元 x, y をとったとき，必ず

$$x \leqq y \quad \text{か} \quad y \leqq x$$

のいずれかがおきているとき，M を全順序集合という．

上の例では，例1，例2，例4の(a)だけが全順序集合となっている．

順序集合の同型

順序集合 M, N が与えられたとき，M から N への1対1対応 φ が存在して

$$x \leqq y \Longleftrightarrow \varphi(x) \leqq \varphi(y)$$

が成り立つとき，M と N は同型な順序集合であるという．M と N は，同じ順序型をもつともいう．φ を (順序集合としての) 同型対応という．

M を順序集合とし，S をその部分集合とする．S のすべての元 x に対して，$x \leqq a$ をみたす M の元 a を S の上界という．S の上界で，S の元となっているものを，S の最大元という．

また，S のすべての元 x に対して，$x \geqq a$ をみたす M の元 a を S の下界という．S の下界で，S の元となっているものを，S の最小元という．

自然数の集合で，順序を $1 < 2 < 3 < \cdots$ で与えた順序集合を $\boldsymbol{N}$ とし，順序を逆に $1 > 2 > 3 > \cdots$ で与えた順序集合を $\boldsymbol{N}'$ とする．このとき，$\boldsymbol{N}$ と $\boldsymbol{N}'$ は，順序集合として同型でない．なぜなら，$\boldsymbol{N}$ には最小元1があるが，$\boldsymbol{N}'$ には最小元がないからである．

また，ふつうの大小関係で順序をいれたとき，自然数全体のつくる順序集合 $\boldsymbol{N}$ と，有理数全体のつくる順序集合 $\boldsymbol{Q}$ とは同型でない．

なぜなら，いま $\boldsymbol{Q}$ から $\boldsymbol{N}$ への同型対応 φ が存在したとする．$\boldsymbol{Q}$ の数列

$$\frac{1}{2},\ \frac{1}{3},\ \ldots,\ \frac{1}{k},\ \cdots$$

を考える．$\varphi\left(\dfrac{1}{2}\right) = n_1$，$\varphi\left(\dfrac{1}{3}\right) = n_2$，$\ldots$，$\varphi\left(\dfrac{1}{k}\right) = n_k$，$\ldots$ とする．大小関係による順序は

$$\frac{1}{2} > \frac{1}{3} > \cdots > \frac{1}{n} > \cdots$$

だから，自然数列 $n_1, n_2, \ldots, n_k, \ldots$ も

$$n_1 > n_2 > \cdots > n_k > \cdots$$

となっていなくてはならない．n_1 より小さい自然数は $n_1 - 1$ 個しかないのだから，これは矛盾である．したがって，同型対応 φ は存在しない．

Tea Time

環状線の駅は順序集合にはなっていない

東京の山手線は環状線であって，1 周約 60 分をかけて，電車がぐるぐる回っている．東京駅から出発して，時計と逆回りの方向の電車 (内回りの電車といっている) に乗ると

東京 ⟶ 神田 ⟶ 秋葉原 ⟶御徒町(おかちまち)⟶ 上野 ⟶ ⋯

と駅が続いていく．このとき，山手線の駅全体の集合に，電車が順次到着する順に

東京 $<$ 神田 $<$ 秋葉原 $<\cdots$

と順序を導入しようと思っても，これは順序にはなっていない．なぜなら，1 周すると

⟶ 新橋 ⟶ 有楽町 ⟶ 東京

となり，上の順序では，このことは

新橋 $<$ 有楽町 $<$ 東京

と書ける．順序の定義の (iii) を見直すと，

神田 $< \cdots <$ 有楽町 $<$ 東京

により，神田 $<$ 東京となる．一方，東京 $<$ 神田であった．順序の定義 (ii) から，東京駅と神田駅が異なる駅である以上，絶対このようなことは生じない!!

第 21 講

整 列 集 合

テーマ
- ◆ 整列集合
- ◆ 整列集合の例
- ◆ 連結されていく‘整列集合列車’
- ◆ 長い，長い整列集合の列

整列集合の定義

全順序集合の中でも，特に整列集合とよばれるものが，これからの主要なテーマとなる．まず次の定義をおこう．

【定義】 全順序集合 M において，M の任意の部分集合 $S\ (\neq \phi)$ が最小元をもつとき，M を整列集合という．

ここで S の最小元は，ただ 1 つしかないことを注意しておこう．なぜなら，S の最小元が 2 つあったとして，それを a, b とすると，$a, b \in S$ で，a は S の最小元だから $a \leqq b$；一方，b も S の最小限だから $b \leqq a$．したがって $a = b$ でなくてはならない．

M を整列集合とする．S を M の部分集合とする．そのとき，M の元の間に与えられている順序関係を，S の元だけに限って考えることにすれば，S はまた全順序集合となる．さらに，S の任意の部分集合 $(\neq \phi)$ は，M の部分集合と考えて，すでに最小元をもっている．したがって S はまた整列集合となることが示された．

この‘整列集合’S を，M の整列部分集合という．

整列集合の例

自然数の集合 $\boldsymbol{N}$ に，ふつうの数の大小関係をいれて得られる順序集合は，整列集合である．$\boldsymbol{N}$ は全順序集合であって，$\boldsymbol{N}$ から部分集合 $S=\{n_1,n_2,n_3,\ldots\}$ $(n_1<n_2<n_3<\cdots)$ をとると，S は最小元 n_1 をもっている．

任意の自然数 n に対し，有限順序集合

$$\{1,2,3,\ldots,n\}$$

は，整列集合 $\boldsymbol{N}$ の整列部分集合となっている．

次に集合

$$\boldsymbol{M}=\{1,2,3,\ldots,n,\ldots,\omega,\omega+1,\ldots,\omega+n,\ldots\}$$

を考えてみよう．$\omega,\omega+1,\ldots$ などは，第19講で述べた超限順序数を表わしていると思ってもよいし，ここでは単に記号と思っていてもよい．$\boldsymbol{M}$ の元は，左から右へ進むにつれて大きくなっているとして，順序をいれておく．$\boldsymbol{M}$ もまた整列集合である．どんな部分集合 $S\ (\neq\phi)$ をとっても，最小元のあることは容易にわかる．

さらに続けて

$$\boldsymbol{M}'=\{1,2,\ldots,n,\ldots,\omega,\omega+1,\ldots,\omega+n,\ldots,\omega2,\omega2+1,\ldots,\omega2+n,\ldots\}$$

を考えてみる．($\omega2$ の超限順序数としての意味はあとで述べるが，ここでは単なる記号と思ってよい.) $\boldsymbol{M}'$ もまた整列集合となっている．

$\boldsymbol{M}'$ のように，自然数列がいわば3つも‘連結した’ような整列集合など，現実にどこにあるのかと思うかもしれない．

数直線上の点の集合——点列——

$$\left\{\frac{1}{2},\ \frac{2}{3},\ \ldots,\ \frac{n-1}{n},\ \ldots,\ 1,\ 1+\frac{1}{2},\ \ldots,\ 1+\frac{n-1}{n},\ \ldots,\right.$$
$$\left.2,\ 2+\frac{1}{2},\ \ldots,\ 2+\frac{n-1}{n},\ \ldots\right\}$$

を考える (図40)．この点列は，1と2と3に左から近づく点列となっている．この集合に，ふつうの大小関係をいれると，順序集合となる．この順序集合は，

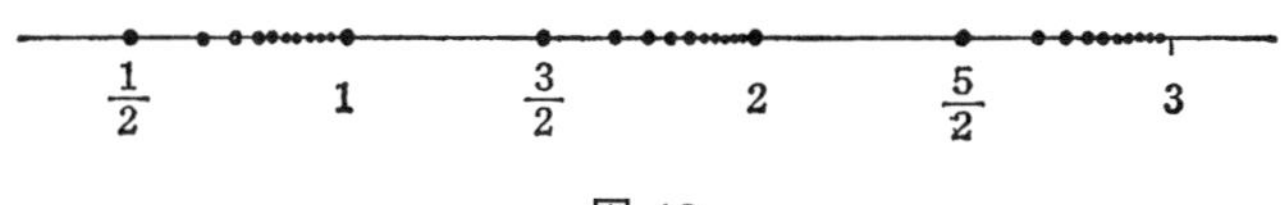

図 40

明らかに $\boldsymbol{M}'$ と同型な整列集合となっている．

数直線上の点の集合として，このように，整列集合 $\boldsymbol{M}'$ が実現されたのをみる

と，誰でも，この操作を3で止めることなく，4, 5, 6, ... と，どこまでも続けていけば，それに応じて，自然数の集合 $\boldsymbol{N}$ と同型な整列集合が，どんどん‘連結されて’きて，長い長い整列集合が生まれてくると思うだろう．‘連結されて’と書いたのは，$\boldsymbol{N}$ が1つの車輛のようになって，長い長い線路の上に，どんどん同じ型の車輛が連結されて，‘整列集合列車’というべきものが生まれてくるさまを想像したからである．連結機に相当する所に，ω とか，$\omega 2$ がある．

図40で画かれている点列のパターンを，このように考えて，数直線上にどんどん右の方へ書き続けていったとする．そうすると究極的には，$\boldsymbol{N}$ と同じ型の整列集合が，可算個つながったような，長い長い整列集合が得られることになる (図41).

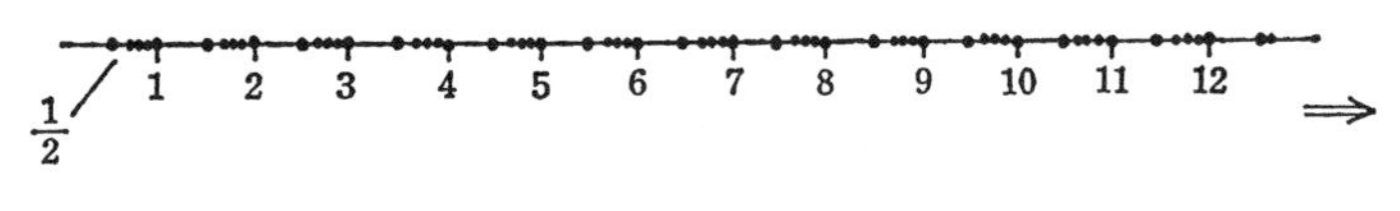

図 41

それは

$$\{1, 2, \ldots, \omega, \omega+1, \ldots, \omega 2, \omega 2+1, \ldots, \omega k, \omega k+1, \ldots, \ldots, \ldots\}$$

と書かれるような整列集合となるだろう．

さらに続ける

もうこの連結して続けていく操作は終りだろうと思う人がいるかもしれない．しかし，実際は，まだまだ続けていくことができる．それは，次のように考えるとよい．

区間 $(0,1)$ と $\boldsymbol{R}^+ = \{x \mid x > 0\}$ の間には，大小関係を保つ1対1の対応がある．たとえば区間 $(0,1)$ の点 x に対して，$\boldsymbol{R}$ の点 y を

$$y = \tan \frac{\pi}{2} x$$

によって対応させるとよい．直観的にいえば，$\boldsymbol{R}^+$ は区間 $(0,1)$ へ縮小可能である．

このように $\boldsymbol{R}^+$ を区間 $(0,1)$ へ縮小してしまうと，上の図41で表わされるような，長い‘整列集合列車’も，順序集合としては同型のまま，区間 $(0,1)$ へと納

まってしまう．このようにしてでき上った $(0,1)$ の中の整列集合と同型な整列集合は，区間 $(1,2)$，$(2,3)$，$\ldots$ の中にももちろん存在している．これらをまたすべて連結する．(このようにして得られた‘整列集合列車’は，実は図 41 で示してある整列集合を，右の方へ可算個並べて (ω-型！) 接続したものと同型である．)

このようにしてでき上った $\boldsymbol{R}^+$ 上の整列集合を，再び前の写像で $(0,1)$ の中に納める．そこでまた，区間 $(1,2)$，$(2,3)$，$\ldots$ の中にあるこれと同型な整列集合を，順次連結していく．

くり返し，くり返しこの操作——$\boldsymbol{R}^+$ の全体にまで連結されると，これを区間 $(0,1)$ に戻す——が行なわれる．

このようにして，整列集合は，果てしなく延びていく．

$\boldsymbol{N}, \boldsymbol{M}, \boldsymbol{M}'$ は同型でない

このように，どんどん整列集合をつくってみても，これらは，同型な整列集合となってしまうことはないのだろうか．無限集合に対しては，私たちの日常の常識が通用しないことは，今までもたびたびみてきたから，このような疑問を抱くのは，自然なことである．

だが，実際は，これらの整列集合は，すべて同型ではない．

ここではまず，$\boldsymbol{N}$ と $\boldsymbol{M}$ が同型でないことを示しておこう．

いま，かりに，$\boldsymbol{M}$ から $\boldsymbol{N}$ への同型対応 φ が存在したとして，どのようなことがおきるか調べてみよう．φ は 1 対 1 対応で，順序を保っているのだから，$\boldsymbol{M}$ の最小元は，φ によって，$\boldsymbol{N}$ の最小元へとうつっていなければならない．したがって，$\varphi(1)=1$ である：

$$\begin{array}{l}\boldsymbol{M}=\{1,2,3,\ldots,n,\ldots,\omega,\omega+1,\ldots,\omega+n,\ldots\}\\ \quad\downarrow\varphi \\ \boldsymbol{N}=\{1,2,3,\ldots,n,\ldots\}\end{array}$$

このことから，φ はまた，$\boldsymbol{M}-\{1\}$ から $\boldsymbol{N}-\{1\}$ への同型対応を与えていることがわかる．$\boldsymbol{M}$ の整列部分集合 $\boldsymbol{M}-\{1\}$ の最小元は 2 であり，$\boldsymbol{N}$ の整列部分集合 $\boldsymbol{N}-\{1\}$ の最小元は 2 である．最小元は，最小元へとうつっているはずだから

$$\varphi(2)=2$$

である．

したがって，同じ論法が $\boldsymbol{M}-\{1,2\}$ と $\boldsymbol{N}-\{1,2\}$ に再び適用されることになる．その結果，$\varphi(3)=3$ が結論される．

この論法をくり返していけば (厳密には数学的帰納法によって)，一般に

$$\varphi(n)=n, \quad n=1,2,\ldots$$

が成り立つことがわかる．φ は $\boldsymbol{M}$ から $\boldsymbol{N}$ への 1 対 1 対応なのに，この結果，$\boldsymbol{M}$ の元，ω，$\omega+1$，...，$\omega+n$，...の行く先がなくなってしまう．これは矛盾である．したがって，$\boldsymbol{M}$ から $\boldsymbol{N}$ への同型対応 φ は存在しない．

$\boldsymbol{M}$ と $\boldsymbol{N}$ は，整列集合として，本質的に異なっている．

同様の考えで，$\boldsymbol{M}'$ から $\boldsymbol{M}$ への同型対応 ψ も存在しないことがわかる．もし存在したとすれば

$$\psi(n)=n, \quad n=1,2,\ldots$$

が成り立たなければならないことは，φ の場合と同様である：

$$\begin{array}{l}\boldsymbol{M}'=\{1,2,\ldots,n,\ldots,\omega,\omega+1,\ldots,\omega 2,\ldots\}\\ \psi\downarrow \qquad \downarrow\ \downarrow\ \downarrow\ \downarrow\ \downarrow\\ \boldsymbol{M}\ =\{1,2,\ldots,n,\ldots,\omega,\omega+1,\ldots\}\end{array}$$

このとき，ψ は $\boldsymbol{M}'-\{1,2,\ldots,n,\ldots\}$ から $\boldsymbol{M}-\{1,2,\ldots,n,\ldots\}$ への同型対応を与えていなくてはならない．それぞれの集合の最小元は，ω であり，ψ によって最小元は最小元へとうつるから

$$\psi(\omega)=\omega$$

が成り立っていなくてはならない．ここからまた同じ議論がくり返され，結局，$\omega 2,\omega 2+1,\cdots$ の ψ による行く先がなくなって矛盾が導かれる．

このようにして，$\boldsymbol{N},\boldsymbol{M},\boldsymbol{M}'$ は，すべて本質的に異なる整列集合となっていることがわかった．

この議論をよくみてみると，同じようにして，$\boldsymbol{M}'$ を異なる所で途中で切って得られる 2 つの整列集合，たとえば

$$\{1,2,\ldots,\omega,\omega+1,\ldots,\omega+m\}$$

と

$$\{1,2,\ldots,\omega,\omega+1,\ldots,\omega 2,\omega 2+1\}$$

とは，決して同型にならないことがわかる．

Tea Time

質問　まず整列集合 $\boldsymbol{N}$ を，区間 $(0,1)$ の点列として同型に表現しておいて，これを接続させて，$\boldsymbol{R}^+$ 全体の各区間にわたる長い整列集合をつくると，これを再び $(0,1)$ に納めてしまうという操作は，無限の織りなす手品をみているようで，興味を覚えました．しかし，この操作を何回くり返しても，現われる点列の集合は，濃度としては可算だと思います．その意味では，この講の例は第 19 講の話の続きなのでしょうが，それでは一体，可算濃度を越えた整列集合というのはあるのでしょうか．

答　どこまでも続く，‘整列集合列車’ を考えてみようとしても，私たちの認識の達するのは，可算個連結された長い長い車輛までであって，それから先のことは，想像してみることはできない．カントルの無限認識の，最も難しい問題がここに現われてくる．しかし，そういっても質問の答にはならない．

この段階で，質問に答えるためには，次のように述べておくにとどめよう (第 26 講参照)．いま，有限の整列集合

$$\{1\}, \{1,2\}, \{1,2,3\}, \ldots, \{1,2,3,\ldots,n\}, \ldots$$

(順序は，ふつうの大小関係) を考えると，この 1 つ 1 つは有限集合だが，これをすべて併せて得られる

$$\{1,2,3,\ldots,n,\ldots\}$$

は，濃度が $\aleph_0$ へと上った整列集合となる．同じように，上に述べてきたような整列集合の構成——整列集合列車——を，どこまでも続けていく．この全体を，果てまで全部見通して，1 つのまとまった整列集合とみるとする．そうするとこの整列集合の，集合としての濃度は，$\aleph_0$ の次の無限濃度 $\aleph_1$ となる．だが，この見通せないものを，言葉の上だけで見通したといって，1 つのまとまったものとみることには，誰にも抵抗がある．この抵抗感と，集合論の論理体系としての完備さを求める相剋(そうこく)の中に，選択公理が登場してくる (第 26 講参照)．

第 22 講

整列集合の性質

テーマ
- ◆ 整列集合の定義と，元を並べるという操作
- ◆ 超限帰納法
- ◆ 整列集合における同型対応の一意性
- ◆ 整列集合の切片

整列集合に対する注意

整列集合の定義は前講で与えてあり，例も述べたのだから，これからすぐに，整列集合のもつ性質を調べはじめてもよいのであるが，その前に，もう 1 つだけ注意を与えておこう．

整列集合 M $(\neq \phi)$ が与えられたとする．定義によって (整列集合の定義で $S = M$ とおく)，M には最小元がある．それを a_1 とする．$M-\{a_1\}\neq\phi$ ならば，再び定義によって，$M-\{a_1\}$ には最小元 a_2 がある．$M-\{a_1, a_2\}\neq\phi$ ならば，$M-\{a_1, a_2\}$ に最小元 a_3 がある．以下同様に先へ先へと，この操作を続けていくことができる．もし M が有限集合でなければ，このようにして M の整列部分集合

$$\{a_1, a_2, a_3, \ldots, a_n, \ldots\}$$

が得られる．この部分集合は，$\boldsymbol{N}$ と同型な整列集合である．

もし $M-\{a_1, a_2, a_3, \ldots, a_n, \ldots\}\neq\phi$ ならば，この左辺の集合に最小元がある．それを a_ω とする．$M-\{a_1, a_2, \ldots, a_n, \ldots, a_\omega\}$ に対して，また同じ議論が続けられる．

これは，ちょうど前講で，有限整列集合から $\boldsymbol{N}$ へ移り，$\boldsymbol{N}$ から $\boldsymbol{M}$，$\boldsymbol{M}$ から $\boldsymbol{M}'$ へと，整列集合が延長していったのと同様のことである．

すなわち，整列集合の定義には，巧みに隠されているが，定義のヴェールをとってみると，前講に述べたような操作の可能性がこの集合の中に内蔵されているこ

とがわかるのである．だが，整列集合 M を１つとって考えるといえば，定義の規定する概念そのものによって，M は自立し，十分考察の対象となるのであって，上のような構成的な操作によって，M の存在を確認する必要はなくなってくる．

しかし，注意すべきことは，このことは，‘十分高い濃度をもつ整列集合は存在するのか？’という問題に対しては，何の解答も与えるものではないということである．

たとえば，平行線の公理を認めれば，それによって，ユークリッド幾何学が構成される．しかし，ユークリッド幾何は，平行線の存在について，何の確証も与えていない．地球上に平行線が存在するかどうかという問題は，ユークリッド幾何の体系とは，別の所にある問題である．

ただ，読者は以下の整列集合に関する議論の背景には，長く続いていく元の系列があることを，思い出しておいた方がよいだろう．

超限帰納法

M を整列集合とする．M は以下では空でない集合とする．M には最小の元が存在する．この元を M の最初の元ということにしよう．

次の定理を超限帰納法という．

> 整列集合 M の各元に関する性質 P が，次の条件をみたしているとする．
>
> (i)　M の最初の元に対しては，性質 P は成り立つ．
>
> (ii)　任意の $x \in M$ に対し，$y < x$ なるすべての y に対して性質 P が成り立てば，x でも性質 P が成り立つ．
>
> 結論：このとき，M のすべての元に対して性質 P が成り立つ．

【証明】　M の元 x の中で，性質 P が成り立たないものが存在するとして，矛盾の生ずることをみるとよい．性質 P が成り立たないような，M の元全体の集合を S とする．仮定によって，$S \neq \phi$ である．したがって，S には最小元 x_0 が存在する．M の最初の元では，性質 P が成り立っているのだから，x_0 は M の最初の元ではない．また $y < x_0$ なるすべての y に対しては，性質 P は成り立っている．したがって (ii) から，x_0 に対しても性質 P が成り立たなくてはならない．

このことは，$x_0 \notin S$ を示すから，x_0 が S の最小元であったことに矛盾する． ∎

ふつう超限帰納法を述べるときは，(i) は書かない．その理由は，(ii) で，特に x が M の最初の元のときには，$y < x$ となる y は存在しない．したがって (ii) の条件文が空文となって，結論は必然的に成り立つと，読むからである．すなわち，最初の元で性質 P が成り立つのである．(ii) をこのように解釈すると，条件 (i) は条件 (ii) の中に含まれている．

帰納法が成り立つのは，自然数のときだけではなかったかと思う人もいるかもしれない．しかし，上にも大体述べたように，整列集合において，ある元から，その次の元にうつる状況は，ある自然数が次の自然数にうつる状況と，全く同じといってよいのである．この事実が，超限帰納法を成り立たせる背景にある．

同型対応の一意性

まず次の結果を示しておこう．

(∗)　M を整列集合とする．M から M の中への 1 対 1 写像 φ で，$x \leqq y$ ならば，$\varphi(x) \leqq \varphi(y)$ をみたすものが与えられたとする．このとき，すべての $x \in M$ に対して

$$x \leqq \varphi(x)$$

が成り立つ．

【証明】　$S = \{x \mid x > \varphi(x)\}$ とおく．$S = \phi$ であることを示すとよい．そのため $S \neq \phi$ と仮定して，矛盾の生ずることをみよう．S には最小元 x_0 が存在する．$x_0 \in S$ だから

$$x_0 > \varphi(x_0) \tag{1}$$

この両辺に φ を適用すると，φ は 1 対 1 で，順序を保つから

$$\varphi(x_0) > \varphi(\varphi(x_0))$$

となる．この式は，$\varphi(x_0) \in S$ を示しているが，(1) をみると，x_0 が S の最小元であったことに矛盾していることがわかる． ∎

背理法を使ったこのような証明からでは，(∗) の意味することを読みとりにくいかもしれない．いま，M の最初の方の元を順に $\{a_1, a_2, a_3, \ldots\}$ のように書いてみる．図 42(a) からわかるように，もし $a_1 < \varphi(a_1)$ ならば，a_1 より大きい元 x に対しては，左から押される形で $x < \varphi(x)$ が成り立ってしまう．また，図 42(b)

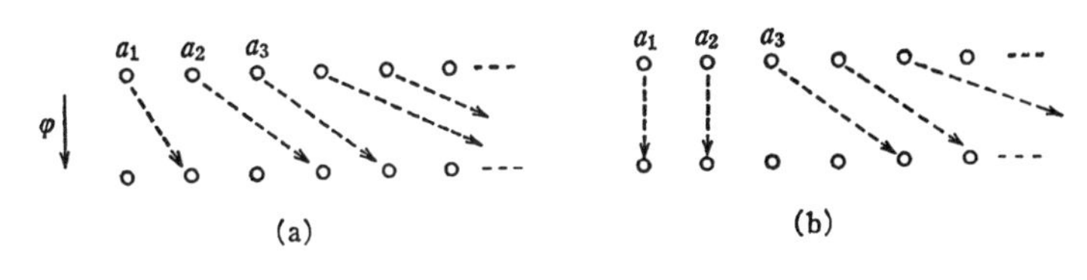

図 42

のように，$a_1 = \varphi(a_1)$，$a_2 = \varphi(a_2)$ であっても，1 度 $a_3 < \varphi(a_3)$ となれば，a_3 より大きいすべての元 x に対して，同じ理由で $x < \varphi(x)$ が成り立ってしまう．

このことから，$(*)$ のいっていることは，大体次のことであろうと推察される．$(*)$ の仮定の下では，$x = \varphi(x)$ が，すべての $x \in M$ で成り立つか，あるいは，どこかで等号が成り立たなくなって，ある元 x で $x < \varphi(x)$ となり，その結果として，x より大きいすべての y に対して，$y < \varphi(y)$ が成り立ってしまう．

同型対応の一意性について，次の定理が成り立つ．

(i)　M から M への同型対応 φ は，$\varphi(x) = x$ に限る．

(ii)　M, N を同型な整列集合とすると，M から N への同型対応はただ 1 つしかない．

【証明】　(i)　φ に対して $(*)$ を用いると，$x \leqq \varphi(x)$．また φ^{-1} に対して $(*)$ を用いると $x \leqq \varphi^{-1}(x)$，すなわち $\varphi(x) \leqq x$．この 2 式から $\varphi(x) = x$ が得られる．

(ii)　M から N への同型対応が 2 つあったとして，それを φ，ψ とすると，$\psi^{-1} \circ \varphi$ は，M から M への同型対応である．したがって (i) から，$\psi^{-1} \circ \varphi(x) = x$．すなわち $\varphi(x) = \psi(x)$ が成り立ち，(ii) が示された．■

整列集合の切片

M を整列集合とする．そのとき，任意の $a \in M$ に対して

$$M\langle a \rangle = \{x \mid x < a\}$$

とおき，$M\langle a \rangle$ を，M の a による切片という．

たとえば，整列集合

$$\boldsymbol{M} = \{1, 2, 3, \ldots, n, \ldots, \omega, \omega + 1, \ldots, \omega + n, \ldots\}$$

に対して

$$\boldsymbol{M}\langle 1 \rangle = \phi, \quad \boldsymbol{M}\langle 3 \rangle = \{1, 2\}$$

$$\boldsymbol{M}\langle\omega\rangle = \{1, 2, 3, \ldots, n, \ldots\}$$
$$\boldsymbol{M}\langle\omega + 4\rangle = \{1, 2, 3, \ldots, n, \ldots, \omega, \omega+1, \omega+2, \omega+3\}$$

である．

切片については，次のような性質が基本的である．

> M を整列集合とする．
>
> (i)　M の部分集合 S が，
>
> $$b \in S \text{ で,}\quad x < b \quad \text{ならば}\quad x \in S$$
>
> という性質をもてば，$S = M$ か，あるいは，ある $a \in M$ が存在して
>
> $$S = M\langle a\rangle$$
>
> (ii)　$M\langle a\rangle$ と $M\langle b\rangle$ が順序集合として同型ならば $a = b$.
>
> (iii)　切片 $M\langle a\rangle$ は M と同型にならない．

【証明 (概略)】　(i)　$S \neq M$ とする．このとき $S^c \neq \phi$ だから，S^c は最小元 a をもつ．この a に対して，$S = M\langle a\rangle$ となる．

(ii)　$M\langle a\rangle$ と $M\langle b\rangle$ は，順序集合として同型とする．必要ならば，a と b をとりかえればよいから，はじめから $a \geqq b$ と仮定しておいてよい．φ を $M\langle a\rangle$ から $M\langle b\rangle$ への同型を与える対応とすると

$$\varphi : M\langle a\rangle \longrightarrow M\langle b\rangle (\subset M\langle a\rangle)$$

したがって $(*)$ から，$x \leqq \varphi(x)$ が成り立つ．

もし $a > b$ とすると，$b \in M\langle a\rangle$ だから $b \leqq \varphi(b)$ となる．したがって $\varphi(b) \notin M\langle b\rangle$ となり，矛盾である．ゆえに $a = b$ が成り立たなくてはならない．

(iii)　M から $M\langle a\rangle$ への同型対応 φ があったとすると，$a \leqq \varphi(a)$．$\varphi(a) \notin M\langle a\rangle$ から矛盾が生ずる．　∎

Tea Time

質問　超限帰納法を使って証明する例を 1 つ示して下さい．

答　同型対応の一意性の所で示した命題 $(*)$ を，超限帰納法を用いて証明してみ

よう.

M の最初の元 a_1 に対して $a_1 \leqq \varphi(a_1)$ が成り立つことは自明である.

$x \in M$ を任意にとったとき, すべて $y < x$ に対して $y \leqq \varphi(y)$ が成り立ったと仮定する.

この仮定の下で, $x > \varphi(x)$ となったとして矛盾の生ずることをみるとよい. このとき, $y = \varphi(x)$ とおくと, $y < x$ により, 超限帰納法の仮定から $y \leqq \varphi(y)$ が成り立っている. また $y < x$ により, $\varphi(y) < \varphi(x)$ である. したがって

$$y \leqq \varphi(y) < \varphi(x)$$

となり, $y = \varphi(x)$ に注意すると, ここで矛盾が得られた.

したがって, 超限帰納法により, すべての x に対して $x \leqq \varphi(x)$ が成り立つ.

第 23 講

整列集合の基本定理

テーマ

◆ 整列集合の基本定理：
2 つの整列集合は，互いに同型か，あるいは，一方は他方の切片に同型となる．
この証明には，切片の対応を細かく調べる．

基本定理

次の定理は，整列集合にとって，最も基本的な定理である．

【定理】 M, N を 2 つの整列集合とする．このとき，次の 3 つの場合のうちの，ちょうど 1 つの場合だけが必ずおきる．

(a) ある $b_0 \in N$ をとると，M と $N\langle b_0 \rangle$ は同型となる．

(b) M と N は同型である．

(c) ある $a_0 \in M$ をとると，$M\langle a_0 \rangle$ と N は同型となる．

この定理の述べていることは，2 つの整列集合が同型でないときには，必ず一方は，他方の切片になっていると考えてよいということである．この定理から，私たちは，整列集合は，先へ先へと延びていくという感じをつかむことができる．

この証明には，整列集合のもつ性質を，十分に使いきることが必要となる．前講の切片についての基本的な性質 (ii) でみたように，整列集合の元と，切片の同型とが 1 対 1 に対応している．整列集合の 1 つ 1 つの元をみるかわりに，切片の方に注目するならば，切片は，その元にまで達する，元の並び方についての情報を十分含んでいるから，一層精密な議論ができるに違いない．たとえていえば，列車のつながり方を調べるのに，1 つ 1 つの車輌を切り離して調べるよりは，1 輌目から，考える車輛までひとつなぎの列車として考えた方が，ずっと調べやすいだろうということである.

定理の証明には，この切片の考えを活用する.

証明の組み立て

定理の証明は，次のような M と N の切片の対応に関しておこる可能性がある3つの場合から総合して，結論を導くような組み立てとなっている.

(A)　M の各切片に対して，それと同型な N の切片が存在する.

(B)　M の各切片に対して，それと同型な N の切片が存在し，逆に N の各切片に対して，それと同型な M の切片が存在する.

(C)　M の切片で，N のどの切片とも同型にならないものが存在する.

このときこのそれぞれの場合に応じて

($\sharp$)	(A)	$\Longrightarrow$	定理の (a) または (b) が成り立つ.
	(B)	$\Longrightarrow$	定理の (b) が成り立つ.
	(C)	$\Longrightarrow$	定理の (c) が成り立つ.

ことを示す.

これが示されたとする．まず，(A)，(B)，(C) は，おこる可能性があるすべての場合をつくしていることに注意しよう．(A) と (B) に重なりがあるから，それが完全に選り分けられて，基本定理が導かれているかどうかだけ確かめておく必要がある.

(A) の中で (B) が成り立たない場合を取り出すと，

(A′)　M の各切片に対して，それと同型な N の切片が存在するが，<u>N の切片で，M のどの切片とも同型にならないものがある</u>.

となる．この傍線部分は，(C) の場合が適用される形となっている.

したがって，上の結果 ($\sharp$) が示されたとすると

$$(\mathrm{A}') \Longrightarrow \quad \text{(a) または (b) が成り立ち，かつ,}$$
$$\text{ある } b_0 \text{ をとると，} M \simeq N\langle b_0\rangle \text{ となる}$$

が結論される．しかし，切片の性質 (iii) から，N と $N\langle b_0\rangle$ は同型でないから，結

局 (b) が除外される．

すなわち，実際は，M, N の切片の相互関係と定理の (a)〜(c) とは

$$(\mathrm{A}') \Longleftrightarrow (\mathrm{a}), \quad (\mathrm{B}) \Longleftrightarrow (\mathrm{b}), \quad (\mathrm{C}) \Longleftrightarrow (\mathrm{c})$$

と対応しているのであるが，それよりも少し弱く，($\sharp$) を示せば十分であるということがわかったのである．

(A)$\Longrightarrow$(a) または (b)，の証明

(A) の場合が成り立つとする．そのとき，任意の $a \in M$ に対し，ある $b \in N$ が存在して，

$$\varphi_a : M\langle a\rangle \longrightarrow M\langle b\rangle \quad \text{同型対応}$$

が成り立つ．$a_1 < a$ に対しても，ある b_1 があって

$$\varphi_{a_1} : M\langle a_1\rangle \longrightarrow M\langle b_1\rangle \quad \text{同型対応}$$

が成り立つ．この b_1 は，実は，$\varphi_a(a_1)$ に等しい：

$$b_1 = \varphi_a(a_1)$$

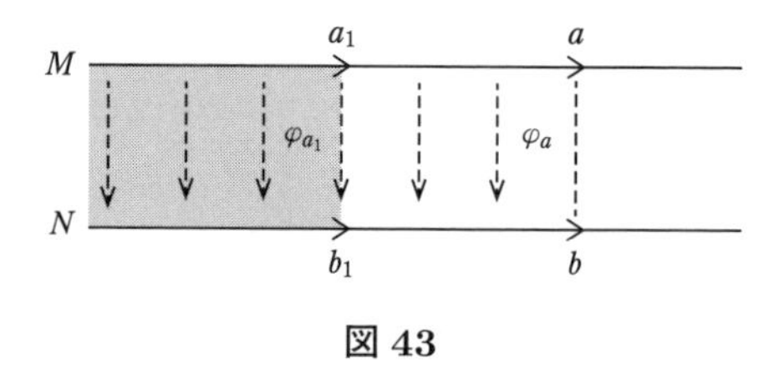

図 43

なぜなら，φ_a による $M\langle a_1\rangle$ の像は，N の中で，$M\langle a_1\rangle$ と同型な切片となり，同型な切片は，ただ 1 つなのだから (切片の性質 (ii))，$b_1 = \varphi_a(a_1)$ が成り立たなくてはならない (図 43)．特に，$b_1 < b$ となる．

したがって，各 $a \in M$ に対し，$\varphi_a : M\langle a\rangle \simeq N\langle b\rangle$[1] できまる b を対応させることにより，M から N の中への 1 対 1 対応 Φ で，$a_1 < a \Longrightarrow \Phi(a_1) < \Phi(a)$ をみたすものが得られる．

そこで，Φ による M の像を S とおく：

$$S = \mathrm{Im}\,\Phi$$

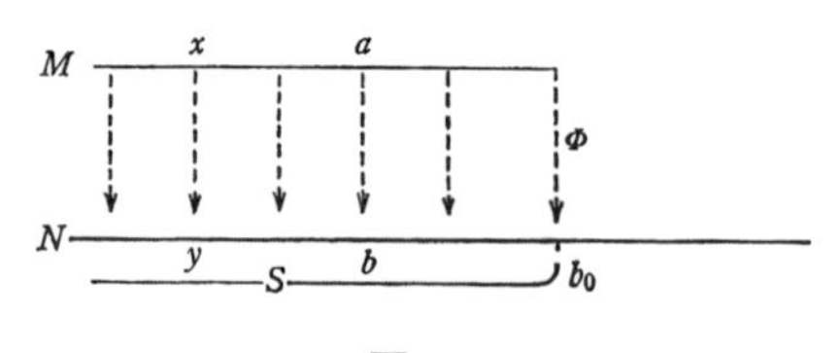

図 44

S は N の部分集合であるが，さらに，

1) 順序集合としての同型対応も，集合の対等と同じ記号 $\simeq$ を用いて表わす．

$$b \in S \text{ で } y < b \Longrightarrow y \in S$$

をみたすことを示そう．

まず $y \in N\langle b\rangle$ であることを注意する．$\Phi(a) = b$ とおくと，同型対応 φ_a によって $M\langle a\rangle \simeq N\langle b\rangle$．この同型対応によって，ある $x \in M\langle a\rangle$ で，$\varphi_a(x) = y$ となる．上に述べたことから，このとき $\Phi(x) = y$ である．ゆえに，$y \in S$ が示された．

したがって，切片の基本性質 (i) を参照すると

$$S = N \text{ か，　ある } b_0 \in N \text{ があって　} S = N\langle b_0\rangle$$

これは (b)，または (a) が成り立つことを示している． ∎

(B)⟹(b) の証明

(A) の場合に証明した結果を用いると，(B) が成り立つならば

$$M \simeq N$$

か，または，ある $b_0 \in N$，ある $a_0 \in M$ が存在して

$$M \simeq N\langle b_0\rangle, \quad M\langle a_0\rangle \simeq N$$

が同時に成り立つかのいずれかである．しかし，後の場合が成り立ったとすると，$M\langle a_0\rangle \simeq N$ の対応で，b_0 にうつされる元を $a_0{}'$ とすると $M \simeq M\langle a_0{}'\rangle$ が成り立たなくてはならない．切片の基本性質 (iii) から，このようなことは，決しておきないのだから，後の場合は生じない．したがって $M \simeq N$ が成り立つことが示された． ∎

(C)⟹(c) の証明

(C) の場合が成り立つとする．N のどの切片とも同型にならないような切片を与える M の元の集合を考えることにしよう．仮定によって，この集合は空集合ではない．したがって，この集合に最小元が存在するが，それを a_0 とする．a_0 のとり方から，次のことが成り立っている．

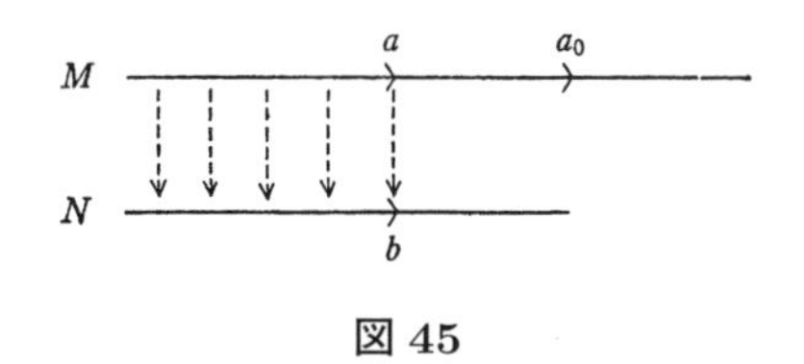

図 45

(！) $a < a_0$ ならば，必ずある $b \in N$ が存在して

$$M\langle a\rangle \simeq N\langle b\rangle$$

(図 45).

逆に

(!!)　任意に $b \in N$ をとると, 必ずある $a < a_0$ が存在して, $M\langle a\rangle \simeq N\langle b\rangle$ となることを示そう.

(!!)　の証明：もし (!!) が成り立たないとすると，M のどの切片とも同型にならないような切片を与える N の元が，少くとも 1 つ存在することになる．したがって，このような N の元の集合は空ではなく，最小元 b_0 が存在する (図 46).

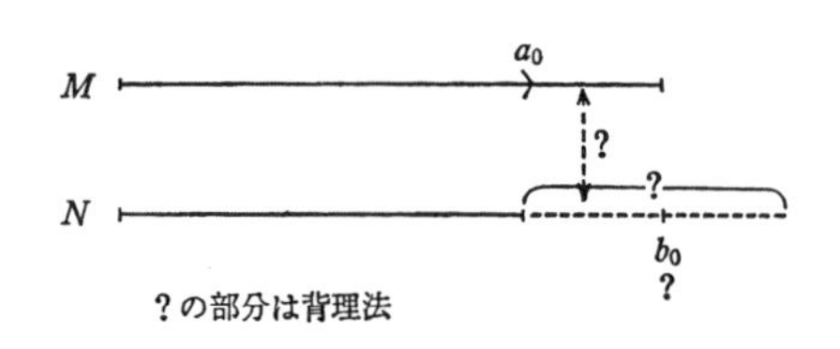

図 46

$b_0 \leqq b$ ならば，$N\langle b\rangle$ は，M のどの切片とも同型にならない．(もし同型になるならば，この同型対応で，$N\langle b_0\rangle$ も M の切片と同型になってしまう．)

したがって，$a < a_0$ のとき $M\langle a\rangle \simeq N\langle b\rangle$ となる b は，$b < b_0$ をみたしていなければならず，また b_0 のとり方から，$b < b_0$ なる b に対して，必ずある $a \in M$ が存在して $M\langle a\rangle \simeq N\langle b\rangle$ が成り立っている．

このことは $M\langle a_0\rangle$ と $N\langle b_0\rangle$ に対して (B) の場合が成り立つことを示している．したがって，すでに証明したことから

$$M\langle a_0\rangle \simeq N\langle b_0\rangle$$

となる．しかしこのことは, a_0 のとり方に反する．したがって背理法により, (!!) が成り立たなくてはならない.

結局，(!) と (!!) が同時に成り立つことになった．もう 1 度 (B) の場合を適用してみると

$$M\langle a_0\rangle \simeq N$$

が成り立つことがわかる．すなわち (c) がいえた.　■

これで基本定理の証明が完了した.

Tea Time

切片について

切片は英語で cut という．整列集合における切片の概念の重要さを最初に認識したのは，ツェルメロだったのかもしれない．実数の集合 $\boldsymbol{R}$ は，ふつうの大小関係で全順序集合となっている．$\boldsymbol{R}$ は，この順序で整列集合ではないが，切片 $\boldsymbol{R}\langle a\rangle$ を考えることはできる．たとえば，

$$\boldsymbol{R}\langle 2\rangle = \{x \mid x < 2\}$$

である．しかしこのときには，任意の a, b に対して，順序集合として

$$\boldsymbol{R}\langle a\rangle \simeq \boldsymbol{R}\langle b\rangle$$

という同型対応が成り立ってしまう．たとえば，$a, b > 0$ のときには，$\boldsymbol{R}\langle a\rangle$ の元 x に対して，$\boldsymbol{R}\langle b\rangle$ の元 $y = \frac{b}{a}x$ を対応させると同型対応となるからである．

したがって，$\boldsymbol{R}$ の場合には，切片を考えても，整列集合のときのように，切片の順序集合としての違いから，元のつながっていく模様などを調べることなどできないのである．

そう思って，改めて，前講の終りに述べた切片の基本性質や，上の基本定理の証明を見直すと，整列集合の概念と切片の考えが，実に，ぴったりと適合していることがわかるだろう．

第 24 講

順　序　数

テーマ
- ◆ 順序数，超限順序数
- ◆ 順序数の和
- ◆ 順序数の積
- ◆ 順序数の系列

順　序　数

2つの整列集合 M, N が，順序集合として同型のとき M と N は同じ順序数をもつという．

整列集合 $\{1, 2, \ldots, n\}$ (順序は大小関係による順序) に同型な整列集合は，順序数 n をもつという．このようにして，有限順序数 (序数！)

$$1, 2, 3, \ldots, n, \ldots$$

が，整列集合のパターンを示すものとして定義された．空集合 ϕ も整列集合とみるとき，この順序数は 0 とする．

整列集合

$$\{1, 2, 3, \ldots\}$$

(およびこれと同型な整列集合) は，順序数 ω をもつという．

無限整列集合のもつ順序数を，超限順序数ともいう．

順序数の和

順序数 α, β が与えられたとき，和 $\alpha + \beta$ を定義しよう．α は，整列集合 A の表わす順序数とし，β は，整列集合 B の表わす順序数とする．

直和集合 $A \sqcup B$ に，次のように順序を導入する．集合 A に属する 2 元，集合 B に属する 2 元に対しては，A, B の中にある順序関係をそのまま与え，

$$x \in A,\ y \in B \quad \text{に対しては} \quad x < y$$

と定義する．

この順序で，$A \sqcup B$ は整列集合となる．$A \sqcup B$ が順序集合となることは明らかであろう．$S \subset A \sqcup B \quad (S \neq \phi)$ とする．$S \cap A \neq \phi$ ならば，$S \cap A$ の A における最小元が，整列集合 $A \sqcup B$ における S の最小元となる．$S \cap A = \phi$ ならば，$S \subset B$ であって，S の B における最小元が，$A \sqcup B$ における S の最小元となる．

【定義】 整列集合 $A \sqcup B$ の表わす順序数を，α と β の和といい，$\alpha + \beta$ で表わす．

整列集合 $A = \{1, 2, \ldots, m\}$，$B = \{1, 2, \ldots, n\}$ に対して $A \sqcup B = \{1, 2, \ldots, m, 1, 2, \ldots, n\}$ であり，順序はふつうの大小関係で与えられている．明らかに

$$A \sqcup B \cong \{1, 2, \ldots, m, m+1, \ldots, m+n\} \quad (\text{順序集合として})$$

である．このことから順序数 m と n の，上の意味での和は，ふつうの数としての和 $m+n$ となっていることがわかる．

整列集合 $A = \{1, 2, 3, \ldots\}$ (この順序数 ω)，整列集合 $B = \{1, 2, \ldots, n\}$ (この順序数 n) に対して，整列集合

$$A \sqcup B = \{1, 2, 3, \ldots, 1, 2, \ldots, n\}$$

の表わす順序数が，$\omega + n$ となる．この表わし方は，第 19 講で用いた表し方と一致している．

次に，A と B の和の順序をとりかえた整列直和集合 $B \sqcup A$ を考えてみよう：

$$B \sqcup A = \{1, 2, \ldots, n, 1, 2, 3, \ldots\}$$

この $B \sqcup A$ は対応

$$\begin{array}{cccccccc}
\{1, & 2, & \ldots, & n, & 1, & 2, & 3, & \ldots\} \\
\updownarrow & \updownarrow & & \updownarrow & \updownarrow & \updownarrow & \updownarrow & \\
\{1, & 2, & \ldots, & n, & n+1, & n+2, & n+3, & \ldots\}
\end{array}$$

によって，$\{1, 2, 3, \ldots\}$ と同型となる．したがって

$$n + \omega = \omega$$

である．すなわち

$$\omega + n \neq n + \omega$$

となってしまう．

一般に $\alpha+\beta \neq \beta+\alpha$ である．もちろん，α, β が有限順序数ならば，$\alpha+\beta = \beta+\alpha$

である．

順序数の積

整列集合 A, B が与えられたとき，直積集合 $B \times A$ に次のように順序をいれる．

$(b,a), (b',a') \in B \times A$ に対して

$$(b,a) < (b',a') \iff b < b' \text{ か } b = b' \text{ で } a < a'$$

この右辺で定義されるような順序を辞書的順序という．英和辞典の語の順序は，まずアルファベットに大小の順序をいれておく．次に boat と book がどちらが先にあるかは，語頭から調べていって，最初にアルファベットの違った所で大小を比べている．4 文字の単語に限れば，これはアルファベット 26 文字のつくる整列集合を $\boldsymbol{A}$ とすると，$\boldsymbol{A} \times \boldsymbol{A} \times \boldsymbol{A} \times \boldsymbol{A}$ に，上と同様なルールで，順序を導入したことになっている．

単語が英和辞典で迷うことなく引けるということは，この順序が全順序となっていることを示している．実際，すぐに確かめられるが，辞書的順序で $B \times A$ は，全順序集合となっている．

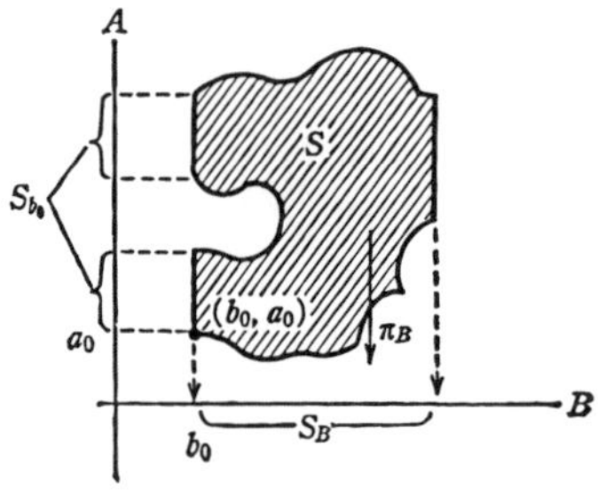

さらに，$B \times A$ は整列集合にもなっている．それは次のように示すことができる．

$B \times A$ の空でない部分集合 S をとる．S に最小元があることをみるとよい．π_B によって，$B \times A$ の元 (b,a) に対して B の元 b を対応させる写像——B への射影——を表わす．

図 47

$$S_B = \pi_B(S)$$

とおくと，S_B は，B の空でない部分集合である．S_B の最小元を b_0 とする．次に

$$S_{b_0} = \{a \mid (b_0, a) \in S\}$$

とおく．S_{b_0} は，A の空でない部分集合だから，最小元 a_0 をもつ．(b_0, a_0) は，

整列集合 $B \times A$ における S の最小元となっている．

整列集合 A の表わす順序数を α，B の表わす順序数を β とする．

【定義】 整列集合 $B \times A$ の表わす順序数を，α と β の積といい，$\alpha\beta$ で表わす．

整列集合 A と B が有限集合で，それぞれが m と n の順序数をもつとき，順序数としての積は，自然数としてのふつうの積 mn となっている．このことは，有限集合のとき，整列集合の型は，個数 (基数！) だけで完全にきまっていることに注意するとよい．

整列集合 $A = \{1, 2, 3, \ldots\}$ (この順序数 ω)，整列集合 $B = \{1, 2\}$ (この順序数 2) に対して，$B \times A$ と $A \times B$ を考えてみよう．

$B \times A$ の元は，B の元 $1, 2$ を A の元と区別するため，$\underset{\sim}{1}$，$\underset{\sim}{2}$ と表わしておくと，

$$(\underset{\sim}{1}, 1), (\underset{\sim}{1}, 2), \ldots, (\underset{\sim}{1}, n), \ldots, (\underset{\sim}{2}, 1), (\underset{\sim}{2}, 2), \ldots, (\underset{\sim}{2}, n), \ldots$$

の順で並んでいる．この整列集合は，順序数 $\omega + \omega$ をもつ．したがって，定義から

$$\omega 2 = \omega + \omega$$

である．

$A \times B$ の元は

$$(1, \underset{\sim}{1}), (1, \underset{\sim}{2}), (2, \underset{\sim}{1}), (2, \underset{\sim}{2}), (3, \underset{\sim}{1}), (3, \underset{\sim}{2}), \ldots$$

の順で並んでいる．この整列集合は，順序数 ω をもつ．したがって，定義から

$$2\omega = \omega$$

である．

すなわち，$\omega 2 \neq 2\omega$ である．このことから，一般には $\alpha\beta \neq \beta\alpha$ のことがわかる．

順序数の系列

順序数の和と積を用いると，順序数の最初の出発点，first，second，third に続く，順序数の系列を次のように書いていくことができる．

$$\begin{gathered} 1, 2, 3, 4, \ldots, n, \ldots, \omega, \omega + 1, \omega + 2, \omega + 3, \\ \ldots, \omega 2, \omega 2 + 1, \omega 2 + 2, \ldots, \omega 3, \omega 3 + 1, \ldots, \\ \ldots, \omega 4, \ldots, \omega 5, \ldots, \omega k, \ldots, \\ \ldots, \omega^2, \omega^2 + 1, \ldots, \omega^3, \ldots, \omega^k, \ldots \end{gathered}$$

ここで $\omega^2 = \omega \cdot \omega$，$\omega^3 = \omega \cdot \omega \cdot \omega$，... である．これらは，すべて可算集合のある整列集合として並べ方を表わしている．たとえば，ω^4 は，$\boldsymbol{N} \times \boldsymbol{N} \times \boldsymbol{N} \times \boldsymbol{N}$ の元 (n_1, n_2, n_3, n_4) の順序を，'後の語'，n_4 から順に大きさをみて，辞書を引くように導入した整列集合の順序型を表わしている．

さて，誰でも，この先はどうなるかと思うだろう．厳密な定義は述べないとしても，順序数は，この先，次のような形で表わされて，続いていく．

$$\ldots, \omega^k, \ldots, \omega^\omega, \ldots, \omega^{\omega k}, \ldots, \omega^{\omega^2}, \ldots, \omega^{\omega^\omega}, \ldots, \ldots, \omega^{\omega^{\omega^{\cdot^{\cdot^{\cdot^\omega}}}}}, \ldots$$

ここで大切な注意がある．それは，ω^ω は，どのような集合の整列順序型を表わしているかということである．ω^ω は，可算集合のある並べ方——整列順序——を表わしている．ω^ω は，決して集合 $\boldsymbol{N}^{\boldsymbol{N}}$ (濃度 $\aleph$！) のある並べ方を表わしているわけではないのである．

ω^ω は，$\omega, \omega^2, \ldots, \omega^k, \ldots$ の並べ方を寄せ集めたような，整列集合から得られている．たとえていえば，この整列集合のつくり方は，高々 2 つの文字からなる単語を引く辞書，高々 3 つの文字からなる単語を引く辞書，...，高々 k 個の文字からなる単語を引く辞書，...，これらをすべて集めて，任意有限個の文字からなる単語を引ける辞書をつくるような操作に対応している．このような操作では，可算個のものから，可算個のものしか生まれてこない．

実は，上の系列に現われる順序数は，すべて可算集合の，ある整列順序に対応している．第 19 講で述べたのは，この系列の序の口を述べたにすぎなかったのである．

さらに

$$\varepsilon_0 = \omega^{\omega^{\omega^{\omega^{\cdots}}}}$$

とおく．ε_0 から，再び順序数の系列

$$\varepsilon_0, \ldots, {\varepsilon_0}^{\varepsilon_0}, \ldots$$

を続けていく．これらもまた，すべて可算集合のある整列順序に対応している．

まことに，超限順序数は恐るべきかな！

Tea Time

質問 上の系列のような表わし方を可算回くり返して，超限順序数をいくらつくってみても，結局は，可算集合のある並べ方しか表わしていないという話は，無限の深淵をみるようで，気が遠くなるようでした．ところで，順序数の演算について，結合則や分配則などが，成り立つのか，成り立たないのか教えて下さい．

答 和，積について結合則

$$(\alpha+\beta)+\gamma=\alpha+(\beta+\gamma), \quad \alpha(\beta\gamma)=(\alpha\beta)\gamma$$

は成り立つ．

分配則は，左からの分配則

$$\gamma(\alpha+\beta)=\gamma\alpha+\gamma\beta$$

は成り立つが，右からの分配則

$$(\alpha+\beta)\gamma=\alpha\gamma+\beta\gamma$$

は，一般に成り立たない．この成り立たない例として，$\alpha=\beta=1, \quad \gamma=\omega$ にとってみるとよい．

第25講

比較可能定理，整列可能定理

テーマ
- ◆ 順序数の大小
- ◆ 順序数の比較可能定理
- ◆ 整列可能定理
- ◆ 整列可能定理は本当に成り立つのだろうか.
- ◆ 背番号のない大群衆と，背番号をつけた大群衆

順序数の大小

【定義】 整列集合 M の順序数を α, 整列集合 N の順序数を β とする．ある $a_0 \in M$ が存在して

$$M\langle a_0\rangle \simeq N$$

が成り立つとき，α は β より大であるといって，$\alpha > \beta$ で表わす.

次のことは，定義からほとんど明らかなことのように思われるが，ひとまず証明しておこう.

> $\alpha > \beta$ となるための必要かつ十分な条件は，適当な順序数 $\gamma > 0$ をとると
> $$\alpha = \beta + \gamma$$
> と表わされることである.

ここで，$\gamma > 0$ は，γ が，空でない整列集合の順序数となっていることを示す.

【証明】 必要性：$\alpha > \beta$ とする．したがってある $a_0 \in M$ が存在して $M\langle a_0\rangle \simeq N$ が成り立つ.

$L = \left\{a \mid a \geqq a_0\right\}$ とおく．$L \neq \phi$ で，L は M の整列部分集合であって，明らかに $M \simeq N \sqcup L$．L の順序数を γ とすれば，$\gamma > 0$ で $\alpha = \beta + \gamma$ が成り立つ.

十分性：$\alpha = \beta + \gamma$，$\gamma > 0$ とする．L を γ を順序数とする整列集合とすれば，

このことは，整列集合としての同型

$$M \simeq N \sqcup L$$

を示している．L の最初の元を c_0 とすると，$N = (N \sqcup L)\langle c_0 \rangle$ である．したがって，c_0 に対応する M の元を a_0 とすると，$M\langle a_0 \rangle \simeq N$ となり，$\alpha > \beta$ が示された．

比較可能定理

次の定理を，順序数の比較可能定理という．

【定理】 任意の 2 つの順序数 α, β に対して

$$\alpha < \beta, \quad \alpha = \beta, \quad \alpha > \beta$$

のうちの 1 つ，かつただ 1 つの場合だけがおきる．

この定理は，第 23 講に述べた整列集合の基本定理と，上の定義から，直ちに導かれる．

一般の順序数——超限順序数——は，自然数の序数 first，second，... の一般化となるように，構成することが望まれていた．したがって，1 列に並べたとき，常に，どちらが長いか，短いかがいえるようになっていなくては，並べた意味がはっきりしなくなって困るだろう．上の定理は，整列集合を経由して導入した一般の順序数は，その要請をみたしている，すなわち，順序数の定義が，成功であったことを示すものである．

整列可能定理——序曲

さて，いよいよ，深い問題をはらむ整列可能定理へと入るときがやってきた．

カントルは，次の定理——整列可能定理——が成り立つだろうと予想した．

【定理】 任意の集合は，適当な順序をいれることにより，整列集合とすることができる．

読者は，たぶん，今までの無限についての多くの話から，この定理に否定的な

感じをもたれるか，あるいは，成り立ちそうだが，証明する手段があるのかと，定理の真偽に疑問を感じられるのではないかと思う．無限集合は，この定理の主張するように，果して整然と並べられるのか．

私たちの‘ものを並べる’という経験は，私たちの発育過程にあって，非常に早い時期からはじまるようである．あるいは，このようにして，‘もの’を並べることによって，1つ1つの元を確認して‘ものの集り’を認識する仕方は，私たちにとっては，先験的なものであるといってよいのかもしれない．しかし，現実に考えてみると，私たちが‘ものを並べる’ことを経験するのは，それほど個数の多い集合に対してではない．たとえば，50 個のリンゴを 1 列に並べるとか，精々 2000 人の中学生を順に 1 列に並べて，校庭から教室へ導く程度のことである．この中学生の場合などでは，1 年 1 組から入るようにとか，すでに大体並べる規準がきまっている．

ここではしかし，1 つ 1 つの‘もの’に何の区別もない，もっともっと大きな‘ものの集り’を，1 列に並べてみることを想像してみよう．たとえば，ある国の指導者の演説を聞くために集った，大きな広場を埋めつくす大群衆を，テレビのニュースで映し出されることがある．この人また人の波を見ていると，5 万とか，10 万とかいう数の実感が湧いてくる．

そこでいま，何の区別もないような 50 万人の大群衆が，雑然と集っているさまを考えてみることにしよう．さて，この大群衆を整理するために，1 列に並べようとする．そのためには，最初の 1 番目にくる人を，誰かひとり，50 万人の中から選ばなければならない．1 人選んだとする．次には，2 番目にくる人を誰か選ばなければならない．こうやって，100 人まで並べてみても，残っている大群衆の騒然とした様相は，少しも変ったようにはみえない．

このような状況を想定してみると，私たちが日常の経験の中で，‘ものを並べる’という感じとは，大分違った感じが，ここにあるように思われてくる．しかし，50 万人ならば，時間をかけ，人手をかければ，いつかは 1 列に並べ得ることはあるのだろう．

数学の世界では，もっと多くの人数，可算無限の大群衆が雑然と集っている様子を想像する必要も生ずる．この可算無限の大群衆を，1 列に並べることはできるのだろうか．1番目，2番目と選んで，順次並べていくことはできる．だが，いくらこのように並べていってみても，いつまでたっても，後には，同じ可算無限の大群衆が控えている．本質的には，事態は何にも進展していないのである．この大群衆を，最後には，1列に並べきるという保証はあるのだろうか．

実際のところ，この保証を与えるものは，どこにもないのである．

カントルの提起した，整列可能定理には，単に，可算無限の大群衆だけではなく，連続濃度の大群衆も，もっと濃度の高い大群衆も，1列に並べることができると，述べられている．このような定理の成立を信じられるだろうか．

背番号のある，なし

もし，集った大群衆の1人1人が，みんなゼッケンをつけて，背番号で表示されているならば，状況は全く異なったものとなる．大群衆を1列に並ばせるためには，「背番号の順に並べ」と号令をかければ済むのである．

また，集った大群衆が，いくつかのグループに分かれたとき，それぞれのグループから代表者を出すことにも，背番号があれば混乱は生じない．「グループの中で，番号の1番若い人が，代表者になって下さい」といえばよい．

このことから，同じ大群衆の集りでも，背番号をつけているときと，つけていないときでは，この集りの性格が全く異なったものとなっていることがわかる．背番号がつけられていれば，特定の1人をいつでも群衆の中から名指すことができるから，もはや雑然とした大群衆ではなくなっている．背番号の順によって，必要ならばいつでも整然と並ぶことのできる，秩序ある集団となったのである．

カントルの整列可能定理は，集ってきたどんな大群衆に対してでも，1人1人に背番号がつけられるかと聞いているのである．

Tea Time

基数と序数再考

基数と序数については，第2講ですでに述べた．自然数のもつ2つの機能，基数と序数は，日本の数の読み方，イチ，ニ，サンでは区別されないように，有限集合の場合には，ほとんど無意識のうちに混用されていることもある．しかし，無限集合に対して，基数と序数の概念を拡張しようとすると，この 2 つの概念は，ちょうど 2 つに割れて大洋へと流れ出した 2 つの氷山のように，全く異なった方向へと，別々に動き出す．あるいは，有限集合から，無限集合へと移って，この 2 つの概念の違いが，はっきりと露呈してきたといってよいのかもしれない．

カントルの集合論にとっては，これは全く新しい，困難な問題を提起することとなった．カントルの最初の立場によれば，集合は，第 1 講で述べたように，全体として 1 つにまとまったものとしての認識から出発している．濃度の考えは，この全体としてまとまったものの，大小を比べる考えによっている．

実数の集合 $\boldsymbol{R}$ の濃度を考えるときにも，私たちは，$\boldsymbol{R}$ を数直線上の点全体として認めることで十分であった．実数を 1 つ 1 つばらして並べてみるなどという考えは，どこにも必要なかった．ベキ集合 $\mathfrak{P}(\boldsymbol{R})$ を考えるときにも，1 つの概念——部分集合——によって規定されたものの全体として，比較的自然に受け入れることができた．カントルの集合論は，この立場に立つ限り，比較的安泰であったと思われる．

ところが，カントルは，序数の概念の無限への拡張に当って，いつしか，最初の集合に対する考えと反するような集合認識を，明確にするよう迫られるようになってきた．順序数の理論が，無限集合に対して成立するためには，無限集合が，単にまとまった総体ではなく，1 つ 1 つの元の存在が検討され，規定されて，順序立てて並べることのできる対象でなくてはならなくなってきた．集合概念の中に包みこまれて沈黙していた 1 つ 1 つの元が，集合論の中に，はっきりとした認識の対象となってきたのである．

基数と序数の違いから，誘い出されるようにして明らかとなった，無限集合の排反するこの 2 つの認識形態，これが，私の考えでは，カントルの直面せざるを得なかった，最も困難な，深い問題でなかったかと思う．この 2 つの認識の違いの，かけ橋ともなるべきものが，カントルの夢みていた整列可能定理であった．その意味では，整列可能定理は，集合論の頂点にある．

この整列可能定理は，1904 年に，ツェルメロによって解決されたが，この解決には，選択公理という，数学史上かつてみたことのなかったような，奇妙な響きをもつ公理を，数学者が認めることを，要請されていたのである．

第 26 講

整列可能定理と選択公理

テーマ
- ◆ 選択公理の出現
- ◆ 選択公理に対する批判
- ◆ 明確に表示するということ
- ◆ 整列可能定理と選択公理の同値性
- ◆ 整列可能定理 ⇒ 選択公理　の証明

選択公理の出現

1904 年，ゲッチンゲン大学で研究していたツェルメロは，短い論文で，整列可能定理の証明を発表した．世界の数学者の眼は，この論文に向けられたが，この論文の中で，ツェルメロが，原理として述べている事柄が，やがて選択公理 (Axiom of Choice) とよばれるようになり，数学界に大論争をひきおこす，きっかけとなった．

選択公理は次のように述べることができる．

選択公理：　$\Gamma \neq \phi$ とし，Γ を添数とする集合族 $\{A_\gamma\}_{\gamma \in \Gamma}$ が与えられたとする．各 γ に対して $A_\gamma \neq \phi$ とする．このとき，各 A_γ から，代表元 a_γ を選び出すことができる．

結論の部分を，もう少し数学らしくいえば

‘Γ から直和集合 $\coprod_{\gamma \in \Gamma} A_\gamma$ への写像 φ で，
$\varphi(\gamma) \in A_\gamma$ となるものが存在する’

となる．

この φ を選出関数という．$\varphi(\gamma)$ が A_γ の代表元を与えることになっている．

ツェルメロは，この原理を認めさえすれば，整列可能定理が証明できることを示したのである．ツェルメロは，整列可能性に比べれば，選択公理の方が，はるかに，数学者にとって容認しやすいことであろうと考えたようである．

だが，実際はそうではなかった．

選択公理に対する批判

ツェルメロの選択公理に対しては，直ちに強い批判が湧き上った[1]．特に，フランスの解析学者，アダマール，ルベーグ，ボレルたちは，選択公理は認め難いという立場を明らかにした．

批判の核心は，各 A_γ から代表元を取り出すといっても，その取り方が，具体的に，明確に示されていない限り，選出関数が存在するかどうかなど，少くとも数学の上で議論できないことである，また議論できないものを数学の中に取り入れ，これを認めよというのは無理なことでないかという点にあった．批判する数学者たちは，数学の対象は，エフェクティヴに与えられていなくてはならないとか，構成的に定義されていなくてはならないといったが，この言葉自身が，当時それほど明確に定義されていたものではなかったのである．今となってみれば，あれほど親しく，柔らかな感触をもっていた数学が，ツェルメロの選択公理によって，実無限の存在と私たちの認識に関わる深く難しい問題の中間に，突然浮上し，私たちに問題をつきつけてきたことに対する，当惑と苛立ちが，渦巻き，泡立ったとみてよいようである．実際，多くの徹底した批判も，結局は，選択公理を数学の中から抹消することはできなかったし，一方，現在に至るまで，選択公理に対する一抹の不安を，数学者の心から，拭い去ることもできないでいる．

前講の話から，読者はむしろ，選択公理に対する批判に対して，多少とも共感を覚えられる側に立たれているのではないかと思う．実際，可算個の集合族から，一斉に代表元を選び出すことさえ，信じ難いといえば，やはり信じ難いのである．

---

1)　ここで述べることについて，もっと詳しいことを知りたい読者は，田中尚夫『選択公理と数学』(遊星社) を参照されるとよい．

明確に表示するということ

選出関数は，明確に表示されていなくてはならないという批判に対して，もう少しコメントを述べておこう．集合から集合へのある対応を明示するためには，集合が具体的に与えられ，その１つ１つの元を特定できるような，ある性質，またはある表示の仕方が与えられていなければならないだろう．たとえば，$(-1,1)$ から $\boldsymbol{R}$ への１対１対応があるといういい方では不十分ならば，$y=\tan\frac{\pi}{2}x$ という対応を１つとって，この対応を明示する必要がある．しかしこのような表示が可能なのは，実数の性質を用いて，対応を関数によって表わしているからである．

今までのように，集合論を，全く抽象的な枠組の中で取り扱っている限り，選出関数を記述しようにも，記述する方法など何もないだろう．集合論のように，できるだけ普遍的な適応性をもたせようと，抽象化を目指すと，今度は逆に，その理論全体の中で通用するような，対象を具体的に明示する一般的な方法を，しだいに見失ってしまうのである．これは，無限の認識とは，また多少別の問題である．

選出関数を明示しない限り，選択公理は認め難いという立場を徹底すると，集合論の抽象的な理論構成全体の枠組を否定する方向へと，私たちを導いていくのかもしれない．

整列可能定理と選択公理の同値性

しかし，選択公理によって，１度，整列可能定理が示されてしまうと，集合の各元は，整列された順序によって，完全に識別されてくる．２つの集合の間の写像も，原理的には，‘何番目の元’が，‘何番目の元’へと移るかを述べることによって，明示する道が開けてくる．

整列可能定理が成り立てば，個々の集合とその元は，いわば整列された順序によって自立してきて，集合概念の中にひそむ，ある曖昧さが消えてしまうことになる．このことは，選択公理のもつ，ある超限的な威力を示すものといってよいだろう．

だが，考えてみると，集合族 $\{A_\gamma\}_{\gamma\in\Gamma}$ から，1つ1つ代表元を選ぶことを，一斉にすること——選択公理——と，集合の元を1つ1つ取り出して最後まで並べきる——整列可能定理——と，どちらが，どれだけ認めやすいというのだろうか．選択公理は，結局のところ，整列可能定理と同じことを述べているのではないかという疑問が，当然生じてくる．

ツェルメロの論文では，その点には触れていなかったが，実際は，選択公理を認めることと，整列可能定理を認めることとは，同じことである．選択公理 $\Longrightarrow$ 整列可能定理が，どのようにして示されるかの大筋は第27講で述べるから，ここでは

整列可能定理 $\Longrightarrow$ 選択公理

を示しておこう．

いま，集合族 $\{A_\gamma\}_{\gamma\in\Gamma}$ $(\Gamma\neq\phi,\ A_\gamma\neq\phi)$ が与えられたとする．

$$M=\bigsqcup_{\gamma\in\Gamma}A_\gamma$$

とおく．整列可能定理が成り立つことを仮定していると，集合 M に適当な順序をいれて，整列集合とすることができる．そのとき，選出関数 φ として

$$\varphi(\gamma)=A_\gamma\ \text{の最小元}$$

とおくとよい．すなわち，選択公理が成り立つ．

Tea Time

質問　現在，数学者は，選択公理を用いることを，どのように感じているのでしょうか．

答　数学者によって，選択公理に対する考え方は，さまざまで，一概にいえないように思う．まず，数学の分野によっては，ほとんど選択公理を必要としない所もある．たとえば，整数論や，幾何学や，常微分方程式論，関数論などがそうである．一方，位相空間論や関数解析学など，無限次元の空間を積極的に取り扱う分野や，また代数学などでは，選択公理を，基本的ないくつかの定理の証明の中

に，組みこんでいる．一般的にいえば，できるだけ，選択公理の使用を避けたいというところが，心情ではなかろうか．

しかし，一方では，数学が‘無限’を主な対象として取り扱っている以上，数学の中で是認された，無限の認識形態の導入が必要であり，その１つとして選択公理を受け入れるべきだという考えもある．

ここでもまた意見が微妙に分かれるのであって，可算集合族

$$A_1, A_2, \ldots, A_n, \ldots \quad (A_n \neq \phi)$$

に対しては，選出関数の存在を認めることに抵抗はないが，もっと濃度の高い，一般の場合の選出関数の存在を認めることには，躊躇を感ずるという数学者もいる．

現在までのところ，可算集合族に対しては，選択公理の適用によって，‘無限’が驚くべき姿をとって，私たちの前にその素顔を現わしたということはないようである．可算無限は，いわば，おとなしい無限である，というのが，数学者の実感だと思う．

しかし，連続濃度の集合族に対して，選択公理を適用すると，バナッハ・タルスキの逆理と通常よばれている，想像を絶する次の定理が，論理的に演繹されてくる．

バナッハ・タルスキの定理[1)]：　$n \geqq 3$ とする，A, B を $\boldsymbol{R}^n$ の内点を含む，有界な集合とする．このとき，A, B は，同じ有限個数の部分集合

$$A = A_1 \sqcup A_2 \sqcup A_3 \sqcup \cdots \sqcup A_s$$

$$B = B_1 \sqcup B_2 \sqcup B_3 \sqcup \cdots \sqcup B_s$$

に分割されて，各 A_i は合同変換で B_i に移るようにできる．

A を半径 1 cm の球，B を半径 2 cm の球として，この定理を適用してみると，ここで述べられていることの不思議さがわかる．

このような定理が，選択公理から演繹されてくるのを見ていると，選択公理は，無限という存在に対して，私たちの達し得ぬ操作を代行する役割を演じているのだと思うのは，錯覚だったのかもしれないとも思えてくる．‘無限’は，選択公理を通して，単なる形式論理の世界へ入っていく契機を得たのだろうか．

このような，私たちの経験からは信じ難い結果が，将来，再び，選択公理から演繹されてくるかもしれない．選択公理に何か不安を感ずるのは，‘無限’の認識に対する，私たちの無力を端的に物語っているのだろう．

---

1)　この定理については，志賀浩二『無限からの光芒』(日本評論社) に詳しい解説がある．

第 27 講

選択公理のヴァリエーション

テーマ

- ◆ ツォルンの補題
- ◆ 順序集合の部分集合の上端
- ◆ 帰納的順序集合
- ◆ 選択公理 $\Longrightarrow$ 帰納的順序集合定理
- ◆ 帰納的順序集合定理 $\Longrightarrow$ 整列可能定理
- ◆ 同値性
- ◆ 選択公理のヴァリエーション：いくつかの同値な命題

はじめに

前講で述べたように，選択公理は，本質的には，整列可能定理と同値な命題であった．一方を仮定すれば，他方が導かれるのである．(選択公理から整列可能定理が導かれることは，この講で示す．) 1930 年代になって，実は，選択公理は，述べ方に，まだいろいろのヴァリエーションがあることが見出された．これら一連の，選択公理に同値な命題を，ふつうツォルンの補題といっている．

この講では，ツォルンの補題について，その内容と，選択公理との同値性を述べていこう．

帰納的順序集合

帰納的順序集合の定義を述べる前に，順序集合 M の部分集合 S に対し，S の上端 $\sup S$ の定義を与えておかなくてはならない．

【定義】 順序集合 M の部分集合 S に対して，次の性質をもつ M の元 x_0 が存在するとき，x_0 を S の上端といい，$x_0 = \sup S$ と表わす．

(i) すべての $x \in S$ に対して $x \leqq x_0$.

(ii) すべての $x \in S$ に対して $x \leqq y$ をみたす元 $y \in M$ をとると，$x_0 \leqq y$ が

成り立つ．

sup S は，存在しても，S に属していないこともあるし (図 48(b))，存在しないこともある (図 48(c))．(図 48 で，S に属する元は黒丸で表わされている．順序関係は，上へ向かう線分で表わされている (第 20 講の図 39 も参照))．

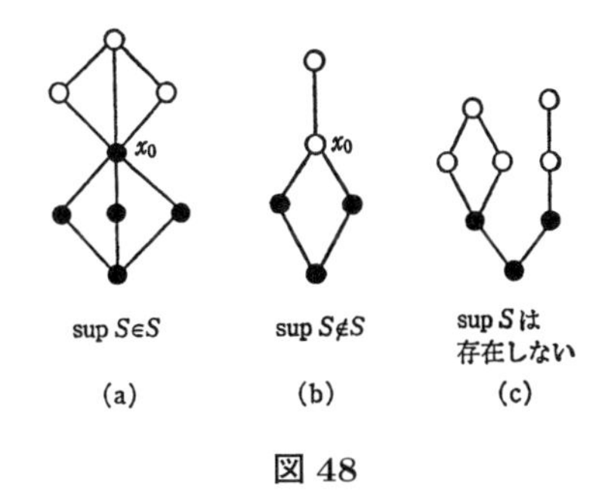

図 48

定義の (i) と (ii) を見るとすぐわかるように，sup S は，もし存在すれば，それはただ 1 つである．

【定義】 順序集合 M ($\neq \phi$) が，帰納的順序集合であるとは，M の任意の空でない全順序部分集合は，必ず上端をもつことである．

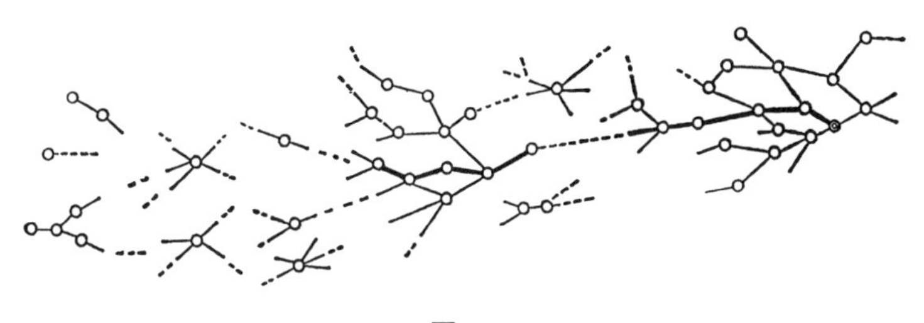

図 49

この定義の意味しているものは，わかり難い．図 49 に，概念的に帰納的順序集合の例を画いておいた．ここで，M の元は，点の代りに，白丸で表わしてある．線分で結ばれている点は，左の方が小さく，右の方が大きいとして，順序を導入している．したがって，図 49 では，全体に，右の方へ行くほど大きくなっていると見てよい．M 自身は，全順序集合ではないから，線分でつながり合っていない点もある．

M の全順序部分集合とは，右へ右へと，線分を伝わって進んでいく点列として表わされる．図で，濃い線分で結ばれている点の集り S は，全順序部分集合となっている．上端は，この点列の行きつく先である．図で

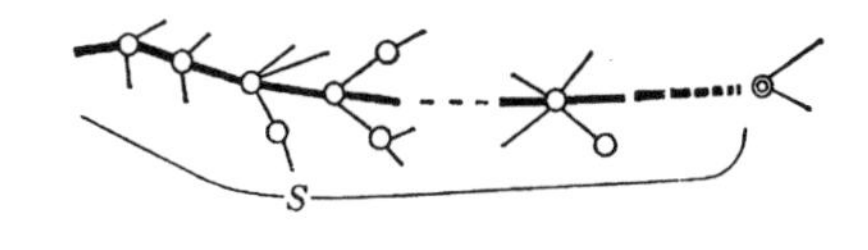

図 50

は ◎ で示してある．図 49 の場合 $\sup S \in S$ である．

図 50 のようなときは，$\sup S \notin S$ である．いずれにしても，帰納的順序集合とは，枝分れした道を適当に選びながら右へ右へと歩いて行くと，いつでも行きつく果ての地点があることを保証している順序集合である．

ここで道を適当に選びながらと，なにげなく書いたところに，帰納的順序集合が，選択公理と同値な命題を述べるのに，適当な概念であることが含まれているのである．

帰納的順序集合定理

【定理】 M を帰納的順序集合とする．そのとき M の中に，必ず次の性質をもつ元 α_0 が存在する：

(∗)　$\alpha_0 < x$ となる M の元 x は存在しない．

この定理を帰納的順序集合定理という．(∗) の性質をもつ元 α_0 を，M の極大元という．この言葉を使えば，結論は‘M には極大元が存在する’と簡明に述べることができる．

選択公理を仮定すると，帰納的順序集合定理が成り立つことを示すことができる：

選択公理 $\Longrightarrow$ 帰納的順序集合定理

この証明の考え方だけを述べてみよう．図 49 で，極大元はどこにあるかというと，もうこれ以上先には，点は存在しないという，それぞれの道の 1 番右端の点として表わされている．図を見れば，右端の点の存在は明らかであると思う人がいるかもしれない．それは図 49 を，右の方で終るように書いたからである．もし，このように枝分かれしながら，左から右へと走る図に，元が連続濃度 $\aleph$ もあって，右へ右へと果てしないように続いていったらどうなるか．さらに濃度の高いときはどうなるか．——私たちには想像することは不可能である．

私たちは，右端の元の存在を確認するためには，ある点からはじめて，右へ進む道を適当に選びながら，右へ右へと進んで行かなければならない．どのように進んでも，ある所まで進んだとき，そこに進んで行きつく先——上端の点——はある．それが帰納的順序集合の保証である．この行きつく先へと辿りついたら，再びここから出発して道を選んで，右の方向を目指して先へ先へと進んでいかなくてはならない．この果てしない無限の旅路に終りはあるか？

選択公理は，この旅に，終りがあって，最終的には必ず M の極大元に達すると保証するのである．これが，帰納的順序集合定理の内容である．

最後の所まで達することができるというためには，道が確実にそこまで延びているという数学的保証がいる．'適当に選べば' といういい方では，終りまで達し得る保証がない．いま，ここで選択公理を仮定したとする．そのとき任意の空でない部分集合 S に，代表元を指定しておくことができる．道を順次選んで，この道の上端 x_0 までは達したとする．このとき

$$S_{x_0} = \{a \mid a > x_0\}$$

とおく．$S_{x_0} = \phi$ ならば，x_0 はすでに求める極大元となっている．そうでないときには，S_{x_0} の代表元を y_0 とする．このとき，x_0 の次に y_0 へ進むと指定する．(今までの説明では，図 49 で，線分上の両端の点を辿って右へ進むように説明してきたが，それは便宜上であって，実際は M の中に

$$a_0 < a_1 < \cdots < a_\omega < \cdots < x_0 < y_0 < \cdots$$

という，整列された部分集合をとって，このような整列集合の極大なものの存在を示すことになる．)

このように，道の指定が，各段階でできると，超限帰納法を適用する考え方——または背理法の使用——が可能となって，もうこれ以上，右へは延びないという道の存在が，証明されるのである．このようにして，極大元の存在が証明される．

帰納的順序集合定理 $\Longrightarrow$ 整列可能定理

次に標題に書いた結果，すなわち，帰納的順序集合定理が成り立つことを仮定すると，整列可能定理が導かれることを示そう：

帰納的順序集合定理 $\Longrightarrow$ 整列可能定理

これも，考え方だけの説明にとどめる．

M の部分集合 A で，A には少くとも 1 つの整列順序が入るようなものを考える．有限部分集合には，必ず整列順序が入ることを注意しよう．A に導入される整列順序を考えて，A と A に入る整列順序の対（つい）$(A, <_\alpha)$ を考える対象とする．別の部分集合 B と，B に入る整列順序 $(B, <_\beta)$ をとったとき

$$(A, <_\alpha) < (B, <_\beta)$$

とは，$(A, <_\alpha)$ が，整列集合として，$(B, <_\beta)$ の切片になっているときと定義する．

いま，たとえば $M = \{a, b, c, \ldots\}$ とする．このとき，この順序は

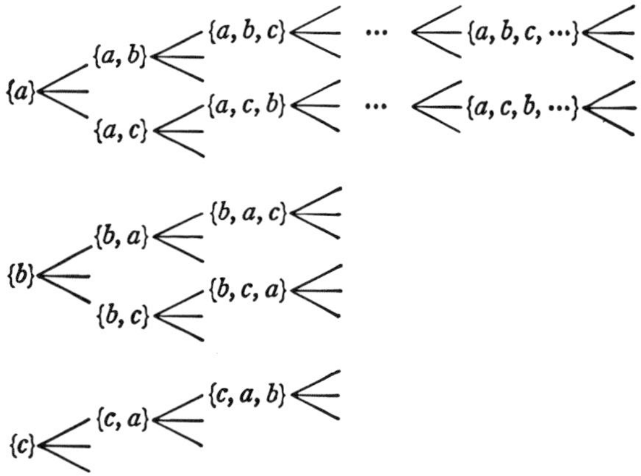

$\{a\}$ — $\{a, b\}$ — $\{a, b, c\}$ — … — $\{a, b, c, \ldots\}$
$\{a\}$ — $\{a, c\}$ — $\{a, c, b\}$ — … — $\{a, c, b, \ldots\}$

$\{b\}$ — $\{b, a\}$ — $\{b, a, c\}$
$\{b\}$ — $\{b, c\}$ — $\{b, c, a\}$

$\{c\}$ — $\{c, a\}$ — $\{c, a, b\}$

図 51

と図示される．たとえば，ここで $\{a, b\}$—$\{a, b, c\}$ と書いたのは整列集合 $\{a, b\}$ $(a < b)$ は，整列集合 $\{a, b, c\}$ $(a < b < c)$ の切片となっていることである．したがって，この図では，上の順序関係は，右へ進むほど大きくなるように表わされている．

このように表わすと，これは，図 51 の状況になっている．実際，これらの対（つい）$(A, <_\alpha)$ 全体からなる順序集合は，帰納的順序集合となることが証明される．帰納的順序集合定理を仮定すると，極大元が存在する．この場合，極大元とは，M の整列順序をもつ部分集合で，これに，どんな M の元をつけ加えても，もう整列集合とはなり得ないようなものである．このような部分集合は，M 自身でなくてはならない．すなわち，M が整列集合となることが示された．

同 値 性

前講で示したように，整列可能定理を仮定すると，選択公理が導かれる．したがって，リンク

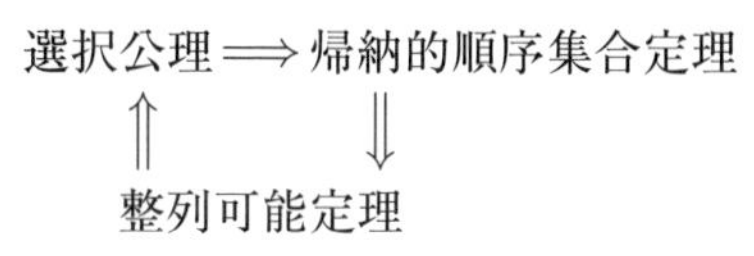

が閉じて，3 つの命題の同値性が証明された．

ヴァリエーション

選択公理は，次のような命題とも同値であることが証明される．

次の命題は，選択公理のほとんど直接のいいかえである．

> $\Gamma \neq \phi$ とし，$A_\gamma \neq \phi\ (\gamma \in \Gamma)$ とする．このとき
>
> $$\prod_{\gamma \in \Gamma} A_\gamma \neq \phi$$

> 順序集合 M には，必ず極大な全順序部分集合が存在する．

ここで，極大な全順序部分集合 S とは，$S \subset M$ であって

(i)　S は，(M の順序で) 全順序集合となっている，

(ii)　$x \notin S$ とすると，$S \cup \{x\}$ は，M の部分集合として，全順序集合とはなっていない，

をみたすものである．

この命題は，帰納的順序集合定理と同値であることを示すのが，選択公理との同値性を示すときにもっとも直接的であることだけを注意しておこう．

> 集合 M の部分集合に関する性質 P で，有限性の性質をもつものが与えられたとする．このとき，性質 P をみたす，M の極大な部分集合が存在する．

部分集合に関する性質 P が，有限性の性質をもつとは，‘S が，性質 P をみた

すための，必要かつ十分な条件は，S の任意の有限部分集合が，性質 P をみたす'ことである：

$$S \text{ が } P \text{ をみたす} \Longleftrightarrow \text{任意の有限個 } a_1, a_2, \ldots, a_s \in S \text{ に対し}$$
$$\{a_1, a_2, \ldots, a_s\} \text{ が } P \text{ をみたす}$$

たとえば，M を順序集合としたとき，M の部分集合 S が，全順序集合であるという性質は，有限性の性質をもつ．なぜなら，S が全順序集合であるかどうかは，任意に S から 2 つの元 x, y をとったとき，$\{x, y\}$ が全順序集合となっているかどうか——x, y に大小関係があるかどうか——だけを確かめればよいからである．したがってこの命題を仮定すると，すぐ上に述べた，'順序集合には極大な全順序部分集合が存在する' が直ちに導かれることになる．

またこの命題を，帰納的順序集合から導くためには，性質 P をみたす M の部分集合全体が，包含関係によって，帰納的順序集合となることさえ示せばよい．

Tea Time

質問　選択公理のヴァリエーションは，まだあるのでしょうか．

答　それほど多くはないが，まだいくつかのヴァリエーションがあることは知られている．その中から 2 つだけ述べておこう．

位相空間論におけるチホノフの定理は，次のように述べられる：

'コンパクト空間の直積空間はコンパクトである'

この定理は選択公理と同値な命題であることが知られている．

また，次の一般の (無限次元！) ベクトル空間の基底の存在定理は，選択公理を用いて示される最もよい例として，よく引用されているが，最近，この定理は，実は選択公理と同値な命題であることが証明された[1)]．

'体 K 上のベクトル空間には，基底が存在する'

1)　文献については，前出，田中尚夫『選択公理と数学』参照．

第 28 講

選択公理からの帰結

テーマ

- ◆ 選択公理を認める.
- ◆ 無限集合の中の可算集合の存在
- ◆ 濃度の比較定理
- ◆ 濃度と順序数
- ◆ 高々 2 級の順序数
- ◆ 高々 3 級の順序数
- ◆ 濃度の集合は，整列集合をつくる.
- ◆ 無限の生成

選択公理を認める

前講でくり返し述べてきたように，選択公理は，多くの深い問題を内蔵しながらも，現代数学の中にしっかりと根を広げている．数学の豊かな稔りを期待するためには，多少の危惧はあるにせよ，選択公理を用いることは，結局は認めざるを得ないのだろう.

集合論に限っても，選択公理を認めさえすれば，無限集合においても基数と序数との対応が明確になって，いわば，集合論の全容が，霧の中から明るい光の中に浮かび上がってくる，ということになる．この講では，選択公理を認めたとき，どのような数学の世界が開けてくるのかを見てみよう.

無限集合の中の可算集合の存在

まず，第 10 講で述べたことと関連しているので，次の結果を示しておこう.

任意の無限集合 M は，可算部分集合を含む.

【証明】 M に適当な順序を入れて，整列集合とする (整列可能定理！)．M は無

限集合だから，少くとも，ω 以下の順序数に対応する可算部分集合

$$\{a_1, a_2, a_3, \ldots, a_n, \ldots\}$$

を含んでいなくてはならない．これで証明が終った．∎

濃度の比較可能定理

任意の 2 つの濃度 $\mathfrak{m}$，$\mathfrak{n}$ に対し

$$\mathfrak{m} < \mathfrak{n}, \quad \mathfrak{m} = \mathfrak{n}, \quad \mathfrak{m} > \mathfrak{n}$$

のいずれかただ 1 つの場合だけが，必ずおきる．

【証明】　集合 M, N を

$$\overline{\overline{M}} = \mathfrak{m}, \quad \overline{\overline{N}} = \mathfrak{n}$$

のようにとる．M と N に，適当に順序を入れて，整列集合とする．このとき，第 23 講の整列集合の基本定理によって

$$M \simeq N\langle b_0\rangle \quad か \quad M \simeq N \quad か \quad M\langle a_0\rangle \simeq N$$

か，どれかただ 1 つの場合だけがおきている．

$M \simeq N\langle b_0\rangle$ のときには，M から N の中への 1 対 1 写像が存在する．このとき，濃度の大小の定義 (第 15 講) から，$\mathfrak{m} \leqq \mathfrak{n}$ である．

$M \simeq N$ のときは，順序まで保つ 1 対 1 対応が存在するのだから，もちろん $\mathfrak{m} = \mathfrak{n}$ である．

$M\langle a_0\rangle \simeq N$ のときには，N から M の中への 1 対 1 写像が存在するから，$\mathfrak{m} \geqq \mathfrak{n}$ である．

一方，ベルンシュタインの定理 (第 15 講) から，$\mathfrak{m} < \mathfrak{n}$ と $\mathfrak{m} > \mathfrak{n}$ は，両立しない．したがって，上の 3 つの場合 $\mathfrak{m} < \mathfrak{n}$，$\mathfrak{m} = \mathfrak{n}$，$\mathfrak{m} > \mathfrak{n}$ のただ 1 つの場合だけが，必ずおきる．∎

濃度と順序数

$1, 2, 3, \ldots, \omega, \ldots$ からはじまる順序数の長い長い系列を 1 度に考えたいのだが，すべての順序数のつくる整列集合 (!!) という概念は，その中に矛盾を含んでいる．この整列集合の順序数は，どこにあるのかと聞かれたとき，答えられなくなって

しまうからである．

そこでいま，十分大きい順序数までのつくる整列集合 Ω を考えることにする．十分濃度の高い集合は存在するのだから，そのような集合を 1 つとって，整列させることによって，十分先までの順序数が並んでいる整列集合 Ω の存在を認めることはできる．(もちろん，すべて選択公理を仮定した上でのことである．)

Ω に含まれている超限順序数 η で，η は，ある非可算整列集合の順序型を与えているようなもの全体を考え，その集合を S_1 とする：

$$S_1 = \{\eta \mid \eta \text{は，非可算無限整列集合の順序数}\}$$

$S_1 \subset \Omega$ で，$S_1 \neq \phi$ だから，S_1 の中には，最小の順序数 (最小元！) ω_1 が存在する．

このとき，ω_1 は次の性質をもつ．

(i)　ω_1 自身，ある非可算無限な整列集合 M_1 の順序数を与えている．

(ii)　$\alpha \in \Omega\langle\omega_1\rangle$ をみたす順序数 α (すなわち，$\alpha < \omega$) は，有限順序数か，可算整列集合の順序数である．

有限順序数を，第 1 級の順序数ということがある．

【定義】　$\Omega\langle\omega_1\rangle$ に属する順序数を，高々 2 級の順序数という．

高々 2 級の順序数とは，高々可算濃度をもつ整列集合の順序型として現われるものである．高々 2 級の順序数自身が，すでに恐るべき長さの系列を形づくることは，第 24 講で見てきた．

最初の超限順序数 ω が，有限順序数 $1, 2, \ldots, n, \ldots$ の果てに現われたように，ω_1 は，高々 2 級の順序数の果てにあって，そこで一段上った無限のタイプを表わしている．

集合の濃度の観点からいえば，順序数 ω_1 を与える整列集合 M_1 の濃度を

$$\overline{\overline{M}}_1 = \aleph_1$$

とおくと，$\aleph_1$ は，$\aleph_0$ の次にくる無限濃度である．M_1 は，実際 $\Omega\langle\omega_1\rangle$ で与えられているのだから

$$\aleph_1 = \overline{\overline{\Omega\langle\omega_1\rangle}}$$

である．

次に，Ω の部分集合 S_2 を

$S_2 = \{\zeta \mid \zeta$ は，整列集合 M で，$\overline{\overline{M}} > \aleph_1$ をみたすものの順序数を表わす$\}$ とおく．S_2 の中には最小の順序数 ω_2 が存在する．

ω_2 は，次の性質をもつ．

(i)　ω_2 自身，ある濃度 $> \aleph_1$ の整列集合 M_2 の順序数を与えている．

(ii)　$\alpha \in \Omega\langle\omega_2\rangle$ をみたす順序数 α は，高々濃度 $\aleph_1$ の整列集合の順序数である．

【定義】　$\Omega\langle\omega_2\rangle$ に属する順序数を，高々 3 級の順序数という．

順序数 ω_2 を与える整列集合 M_2 の濃度を

$$\overline{\overline{M}}_2 = \aleph_2$$

とおくと，$\aleph_2$ は，$\aleph_1$ の次に大きい濃度である．$\aleph_2 = \overline{\overline{\Omega\langle\omega_2\rangle}}$ である．

このようにして，濃度の系列

$$\aleph_0, \aleph_1, \aleph_2, \ldots, \aleph_\omega, \ldots \tag{1}$$

と，この濃度をもつ整列集合の中での最小の順序数を与える，超限順序数の系列

$$\omega, \omega_1, \omega_2, \ldots, \omega_\omega, \ldots \tag{2}$$

が，順序を保って，1 対 1 に対応している．系列 (2) は，整列集合 Ω の部分集合として整列集合である．したがってまた，有限濃度も含めて，濃度の系列

$$1, 2, 3, \ldots, n, \ldots, \aleph_0, \aleph_1, \aleph_2, \ldots, \aleph_\omega, \ldots$$

は，濃度の大小関係によって，整列集合をつくっていることがわかる．すなわち

濃度の集合は，大小関係によって，整列集合をつくる

ことが示された．

このようにして，選択公理の帰結として，無限濃度の系列 (1) と，超限順序数のつくる系列 (2) が，1 対 1 に対応して，‘無限’ の世界においても，基数と序数との対応の仕方が，ひとまず樹立されたのである．

無限の生成

このことから，無限集合が生成されていく過程がわかる．有限の順序数をすべて並べると，

$$\{1, 2, 3, \ldots, n, \ldots\}$$

となるが，これは，可算濃度 $\aleph_0$ をもち，この整列集合の順序数は ω である．

高々 2 級の順序数全体

$$\{1, 2, \ldots, \omega, \ldots, \omega^{\omega}, \ldots, \omega^{\omega^{\omega^{\cdots^{\omega}}}}, \ldots, \varepsilon_0, \ldots, {\varepsilon_0}^{\varepsilon_0}, \ldots\}$$

のつくる集合の濃度は $\aleph_1$ であり，この整列集合の順序数は ω_1 である．‘無限’は，$\aleph_0$ から $\aleph_1$ へと，階段を 1 段上ったのである．

系列 (1) と (2) の対応を見ながら，同じような考えで，濃度 $\aleph_\alpha$ の集合が与えられたとき，高々濃度 $\aleph_\alpha$ の集合に入るすべての整列順序を考え，対応する順序数の系列を考えてみる．このときこの系列は，$\aleph_\alpha$ の次にくる濃度 $\aleph_{\alpha+1}$ をもつ集合となる．この整列集合は，(2) の系列の中で $\aleph_{\alpha+1}$ に対応する順序数 $\omega_{\alpha+1}$ をもつ．

‘無限’は，このように，1 段階，1 段階と，無限の段階を上っていくことにより生成される．

これが，カントルの達した，‘無限’に関する最後の思想——啓示といってよいのかもしれないが——であった．

Tea Time

質問　濃度の集合が整列集合をつくっているならば，濃度の問題についても，超限帰納法の考えが効果的に使われることがあるのでしょうか．

答　使われることはある．たとえば，任意の無限濃度 $\aleph_\alpha$ に対して

$$\aleph_\alpha \cdot \aleph_\alpha = \aleph_\alpha$$

が成り立つが，この証明にも，濃度のつくる集合が整列集合であり，${\aleph_0}^2 = \aleph_0$ という事実から出発して，超限帰納法を用いて証明する方法がある．しかし，証明に少し準備がいるので，ここでは，その証明まで立ち入らない．

しかしこれが示されれば，ベルンシュタインの定理によって，任意の無限濃度 $\aleph_\alpha, \aleph_\beta$ に対して

$$\aleph_\alpha + \aleph_\beta = \aleph_\alpha \cdot \aleph_\beta = \max(\aleph_\alpha, \aleph_\beta)$$

が成り立つことが，直ちに導かれることを注意しておこう．

第 29 講

連続体仮設

テーマ

◆ 連続体仮設，一般連続体仮設
◆ 連続体仮設の提起とその後
◆ シェルピンスキの『連続体仮設』
◆ 連続体仮設の，公理論的集合論からの解決

問題のおこり

カントルは，可算濃度 $\aleph_0$ の次にくる濃度は，連続体の濃度 $2^{\aleph_0}$ ではないかと考えた．自然数の集合の濃度の次に，実数の集合の濃度がくるのではないかということは，深い理由はないとしても，ごく自然な推測であろう．

無限集合 M が与えられたとき，ベキ集合 $\mathfrak{P}(M)$ をとることによって，無限の段階が確実に上っていく．$\aleph_0$ から $2^{\aleph_0}$ への移行は，この最初のステップである．また，M からより高い濃度の集合を得るために，これ以外の本質的に新しい方法は知られていない．この状況に注目すると，一層一般に，$\overline{\overline{M}}$ の次にくる濃度は，$\overline{\overline{\mathfrak{P}(M)}}$ ではないかと，大胆に推測してみたくなる．

実際，この 2 つの問題は，カントルによって提示され，それぞれ，連続体仮設，一般連続体仮設として知られることになった．

連続体仮設： $$2^{\aleph_0} = \aleph_1$$

一般連続体仮設： 任意の無限濃度 $\aleph_\alpha$ に対して

$$2^{\aleph_\alpha} = \aleph_{\alpha+1}$$

もし，この一般連続体仮設が正しければ，無限集合は，そのベキ集合をとることにより，確実に，無限の階段を，1 段 1 段と上っていくことになる．無限集合は，このように構成的に，秩序正しく認識されていくものなのだろうか．

カントルは，結局，この問題に対して解答を与えることはできなかった．連続体

仮設は，選択公理を仮定しておくならば，実数の集合 $\boldsymbol{R}$ の部分集合の中に，高々可算集合と，連続体の濃度をもつもの以外に，私たちがまだ出会ったこともないようなこの中間の濃度をもつ部分集合があるのか，と聞いていることになる．実数の集合など，よく知っている集合ではないか，このような部分集合が存在するかしないかなど，すぐにわかりそうなものではないか．

しかし，謎は，予想を越えて，はるかに深かったのである．この問題——連続体仮設——を追求しようとすると，あれほど親しかった実数の集合が，突然固い殻をかぶったようになって，頑なに沈黙してしまうのである．

19 世紀の終りには，集合論は，整列可能定理と連続体仮設という未解決の問題をかかえながら，多くの批判にさらされていた．このカントルの集合論に対して，当時，世界数学界の指導的位置にあったヒルベルトは

Aus dem Paradies, das Cantor uns geschaffen, soll uns niemand vertreiben können. (カントルの創った楽園から，誰も我々を追いやることなどできないのだ)

と述べて，はっきりとカントルを擁護する立場を表明した．そして，実際，ヒルベルトは，1900 年，有名なパリの国際数学者会議における，新しい世紀の出発に当っての 23 の問題提起の第 1 番目に，この連続体仮設をおいたのである．

20 世紀になって，カントルの集合論が，数学全体を支える礎石として，もはや必須のものとなっているという認識が数学者の間にしだいに浸透してくるようになった．それにつれて，残された問題，連続体仮設の解決へ向けて，さらに多くの挑戦と，試行錯誤がくり返された．だが，不思議なことに，時とともに，連続体仮設は，ますます近寄り難い峻嶮な山容をとって，数学者の前に立ちはだかったのである．

シェルピンスキの『連続体仮設』

連続体仮設の解決を目指す多くの数学者の隠れた努力の中にあって，ポーランドのワルシャワ大学の教授であったシェルピンスキは，1934 年，『連続体仮設』という標題をもつ，不思議な調べのする本を著した．シェルピンスキは，この本の中で，もし，連続体仮設 $2^{\aleph_0} = \aleph_1$ が正しいとするならば，実数は，どのような姿

を私たちの前に現わしてくるか，いろいろの面から詳しく調べてみたのである．

そうすることによって，連続体仮設が意味するものを明らかにしたいと，彼は望んでいた．また万一，このような実数の姿の中から，何か，すでに知られている実数の性質と矛盾するものが生じてくるならば，そのことは，最初においた前提，$2^{\aleph_0} = \aleph_1$ が正しくなかったことを示すことになるだろう．

だが，矛盾は何も生じなかったのである．私たちの前に次々と示されたのは，実数の深い淵から湧き上ってくるような，どのように理解してよいのかわからない，謎めいたさまざまな命題であった[1)]．

ここでは，その中の一つの定理を述べておこう．これは，カントルの創った楽園の中に咲いた，美しい一輪の花ともみえる結果である．

【定理】 連続体仮設は，次の命題と同値である．

平面 $\boldsymbol{R}^2$ は，2つの部分集合 A, B の直和として表わされる：

$$\boldsymbol{R}^2 = A \sqcup B$$

ここで A は，x 軸と平行な任意の直線と高々可算個の点でしか交わらず，B は，y 軸に平行な任意の直線と高々可算個の点でしか交わらない．

連続体仮設を認めれば，この命題が成立することだけを示しておこう．連続体仮設を仮定すると，実数の濃度は $\aleph_1$ となるから，適当に順序をいれて整列集合とすることによって，実数全体は

$$t_1, t_2, \ldots, t_\omega, \ldots, t_{\epsilon_0}, \ldots, t_\lambda, \ldots (\lambda < \omega_2) \tag{1}$$

と並べることができる．ここで ω_2 は，第3級の順序数で最小のものである．

$$A = \{(t_\alpha, t_\beta) \mid \alpha \leqq \beta\}$$

とおく．任意の実数 b をとる．b は，系列 (1) の中に現われているから，$b = t_\beta$ と表わされている．したがって，A と直線 $y = b$ との交わりは，集合 $\{(t_\lambda, t_\beta) \mid \lambda \leqq \beta\}$ となるが，$\{t_1, \ldots, t_\omega, \ldots, t_\lambda\}$ は可算だから，これは可算集合である．

次に，任意の実数 $a = t_\alpha$ をとる．直線 $x = a$ 上の点 $\{(t_\alpha, t_\lambda) \mid \lambda < \Omega\}$ のうち，高々可算個の集合 $\{(t_\alpha, t_\mu) \mid \mu < \alpha\}$ を除けば，残りは A に属する．したがって，A の補集合 B と，直線 $x = a$ との交わりは高々可算である．

なお，シェルピンスキも注意していることであるが，連続体仮設が成り立てば，

---

1) これについては，前出，『無限からの光芒』の中の，‘無限への志向の一軌跡’ 参照．

実数の部分集合は，かなり簡単な性質を示してくることになる．実際，ある部分集合が連続体の濃度をもつことを示すには，それが高々可算でないことさえ示せばよいことになる．

連続体仮設の解決

連続体仮設を素朴ないい方で，可算集合と連続体濃度の集合の間に別の濃度をもつ集合があるか，と設問してみるとわかるように，この問題を厳密に考えていこうとすると，‘集合とは何か’を，改めて数学的にはっきりさせておくことが必要ではないかと思われてくる．漠然とした，‘集合の大袋’の中から，このような集合があるかないかを見出そうとするようなことでは，立場が曖昧すぎて，厳密な論理を展開していくことは不可能だろう．

そのような，数学内部からの要請に答えるために，集合を，公理から出発して，厳密な論理の演繹体系の枠におさめて，集合論を展開しようとする理論がある．これを公理論的集合論という．

公理論的集合論に対して，今まで述べてきたような集合論の取扱いを，素朴集合論という．

集合論の公理として，ふつう採用されているものは，Zermelo–Fraenkel の公理系 (ZF と略記するのが慣行である) である．

(この ZF をやさしく解説してみることなどは，厳密な演繹体系を目指す公理論的集合論と逆方向に歩むようなものであって，その試みはほとんど不可能なことである．ZF がどのようなものかを知るだけならば，『数学辞典』(岩波書店) を参照されるとよいだろう．)

1963 年に，P.J. コーエンは，連続体仮設も，一般連続体仮設も，ZF とは独立であることを示した．そのことは，ZF から出発して集合論を組み立てていった場合，連続体仮設が成り立つという公理をそこに新たにつけ加えれば，一つの集合論ができるし，連続体仮設が成り立たないという公理をつけ加えれば，また別の，前のものとは全然矛盾しない集合論も構成されるということである．このようにして，たぶん，カントルの全く予想しなかったような形で，現在のところ，ひとまず連続体仮設は，解決をみたのである．

Tea Time

質問　P.J. コーエンによる，肯定とも否定ともつかない連続体仮設の解決について，どうお考えなのですか．

答　私は，公理論的集合論や数学基礎論は詳しくないので，この方面の専門家が，どのように考えているのかわからない．私は，ごくふつうの数学者としての，私の感じしか述べられないが，やがて将来，ZF とは別の集合に関する公理体系が考えられて，この体系の中では，連続体仮設がはっきりとした結論をもつようになるのかどうかについては，多少関心がある．実数の部分集合のあり方を，完全に規定できるような公理が有り得るのだろうか．私たちは，誰も，π の無限小数展開の最後まで見通すわけにはいかない．しかし，カントルが考えたように，実数を１つ１つばらして，元の集りとして見るためには，π と，π でない実数をはっきりと見分けることができなくてはならないだろう．大体，無限小数展開の最後まで誰も確かめられないのに，2つの異なる実数をとるとは，現実に何を意味しているのだろうか．実数の集合を認めれば，2つの異なる元という概念は明確であると考えられるかもしれないが，2つの元を識別する方法のない実数を，何故，集合と見ることができたかと，また問題は一巡してしまうだろう．しかし，私の空想のようなことを述べて，読者を迷わすことは，あまりよいことではないだろう．

ただ，実数の集合を，数直線上の点としての，一つのまとまったものとしての認識から，集合論が示すように，完全に１つ１つ分離された atomic な元としての集りと見る見方に，移行するためには，私たちの無限に対する理解の仕方がなお十分でないのかもしれないし，あるいは，実数のもつ無限性は，そのような認識の仕方を拒否しているのかもしれない．

このような問題を追っていけば，再びカントルが考えた立場での，解決の道もないような連続体仮設の問題へと，戻っていくことになるのだろう．コーエンの結果を読んでみても，私の心の中での連続体仮設の問題は，まだ終っていないような気がしている．

第 30 講

ゲオルグ・カントル

集合論とカントル

集合論は，カントルの天賦の才というより，何か天賦の力とでもいうべきものによって創られた理論である．カントルは，無限という空々漠々としたものを，自然数と実数の中から抽出し，それを概念化し，数学の対象と化してしまったのである．このカントルの辿った思索の道をふり返るとき，カントルによって，無限が，数学の形式を通して実在化され具現化されたと考えるのだろうか，あるいは論理と記号の中に実体を失って抽象化されたと考えるのだろうか，という難しい問題が，幻のように浮かび上ってくる．

いずれにせよ，集合論は，カントルという個人の思索体験を切り離しては，考えるわけにはいかない．この最後の講では，カントルの生涯について，簡単に綴ってみる．

カントルの生い立ち

集合論の創始者カントル，正確には Georg Ferdinand Ludwig Philipp Cantor は，1845 年 3 月 3 日，ロシアのペテルスブルク (現在のレニングラード) で，富裕な商人，ゲオルグ・バルデマール・カントルの長男として誕生した．母親のマリアは，芸術的資質に恵まれた家庭に生まれ，その資質を受け継いでいた．父親も，母親も純粋なユダヤ系であった．カントルは父親と同じくプロテスタントであったが，母親はカソリックであった．父親の病気のため，1856 年，ドイツのフランクフルトへ移住した．

カントルは，非常に早くから，数学を学びたいという強い希望をもっていたが，父親は，息子の数学への望みを，すぐに認め，かなえてくれたわけではなかった．

父親は，将来の生活の安定のために，カントルを有望な技術方面の仕事へつかせようと，頑なな努力を続けていたのである．

カントルが17歳になり，ギムナジゥムを優秀な成績で卒業したとき，父親はやっと大学で数学を専攻することを許してくれた．このときのカントルの父親に宛てた喜びの手紙が今も残っている．スイスのチューリッヒに少しいた後，父親の死のため，ベルリン大学へ移り，そこで数学と物理学と哲学を学んだ．ベルリン大学の数学教室には，整数論でイデアル数を導入したクンマーと，解析学の大家ワイエルシュトラスと，数論のクロネッカーがいた．クロネッカーとは，やがて運命的な対決をすることになる．

1867年，カントルは22歳のとき，2次の不定方程式に関する論文によって学位を得た．この学位論文からは，後年のカントルの思想の萌芽を見出すことはできない．1869年，24歳のとき，決して一流とはいえないハルレ大学の私講師となり，1870年には助教授になり，1879年正教授に任命された．

三角級数の一意性

カントルの数学への興味は，ワイエルシュトラス学派の影響を受けながら，しだいに解析学へと向いてきて，三角級数の一意性の問題へと入っていった．

三角級数の一意性の問題とは，周期 2π をもつ関数 $f(x)$ を

$$f(x) = \frac{1}{2}a_0 + \sum_{n=1}^{\infty}(a_n \sin nx + \cos nx) \tag{1}$$

と三角級数に展開したときに，(もし展開可能ならば) このような表わし方は，一通りに限るだろうか，という問題である．もし，$f(x)$ を表わす別の表わし方があったとすると，辺々引いてみるとわかるように，

$$\frac{1}{2}a_0 + \sum_{n=1}^{\infty}(a_n \sin nx + b_n \cos nx) = 0 \tag{2}$$

という式が，$a_0 = 0$，$a_n = b_n = 0$ 以外 $(n = 1, 2, \ldots)$ でも成り立つことになる．

1870年，カントルは，‘一意性定理’

「すべての実数 x について (2) が成り立つならば，

$$a_0 = 0, \quad a_n = b_n = 0 \quad (n = 1, 2, \ldots)」$$

という結果を示した．

しかし，すでにフーリエが示していたように，(1) の左辺に現われる関数は，必ずしも連続関数に限る必要はない．いくつかの点で不連続性が現われて，そこで値が定義されていないような関数に対しても，残りの点では (1) の展開が成り立つような場合がある．このような場合を考慮すると，上の一意性の結果は，まだ十分ではない．カントルは，続いて，上の結果の「すべての実数 x について」を

「有限個の実数値を除くすべての x について」

としてもよいことを示し，さらに

「いかなる有限区間にも，有限個しか含まれていないような，無限個の実数値 $\ldots, x_{-1}, x_0, x_1, x_2, \ldots$ を除くすべての x について」

としても成り立つことを示した．

この研究は，2 年後の 1872 年に発表された論文の中では，さらに深められていた．カントルは，たとえば

$$「P = \left\{ \frac{1}{n} + \frac{1}{m} \,\middle|\, n, m = 1, 2, \ldots \right\}$$

という集合に属する実数値を除くすべての x について」としても，一意性定理が成り立つことを示したのである．P に属する実数は，0 と，$\frac{1}{n}$ $(n = 1, 2, \ldots)$ のところに無限に集積してきている．すなわち P の‘集積点の集合’P' は

$$P' = \left\{ 0,\ \frac{1}{2},\ \frac{1}{3},\ \ldots,\ \frac{1}{n},\ \ldots \right\}$$

である．P' の‘集積点の集合’P'' は今度は 0 だけである．すなわち $P'' = \{0\}$ である．したがって $P''' = \phi$ である．

これは一例であるが，カントルは，このように，集積点の集合を，くり返しとっていったとき，有限回の段階で，集積点の集合が空集合となるような，実数の中の‘薄い無限集合’を除いても，やはり，一意性の定理が成り立つことを示したのである．

このように，除外集合の考察を，有限集合から，無限集合へ，さらに，無限集合の集積点の集合に注目し，それをくり返し追っていくという，カントルの示した研究志向の中に，段階的に無限の概念を得ていった，後年の思索の道をはっきりと感じとることができる．

実数の非可算性

1874 年に，クレルレ誌上に発表された論文‘代数的実数のある性質について’は，集合論の誕生を告げる論文であった．

この中で，カントルは，代数的実数全体は可算であること，および，実数全体は，自然数全体とは 1 対 1 に対応しないことを示した．カントルとデデキントとの往復書簡によれば，この $\overline{\overline{\boldsymbol{N}}} < \overline{\overline{\boldsymbol{R}}}$ の発見は，1873 年 12 月 7 日のことであった．ただし，ここでのカントルの証明法は，第 10 講で示した対角線論法によるものではなく，区間縮小法に近い考えに基づく背理法によるものであった．

カントルは，1 対 1 対応という考えに基づいて，実数の集合 $\boldsymbol{R}$ より，さらに大きいと思われる集合——n 次元空間の点全体のつくる集合 $\boldsymbol{R}^n$——へと眼を向けた．長い間考えた末，1877 年 7 月のデデキント宛の書簡に，$\boldsymbol{R}$ と $\boldsymbol{R}^n$ が 1 対 1 に対応している証明が得られたことを伝え，この証明に誤りがないかどうか確かめてほしいと依頼した．カントルは，自らの見出したこの結果によって，‘次元’——多重なるもの——という空間の形式が崩れ去ったような驚きを感じたようで，この驚きを，‘Je le vois, mais je ne le crois pas.’ (見れども，信ずることあたわず) という言葉でいい表わしている．なお，デデキントは，このときすでに，次元の本質は，単なる 1 対 1 対応ではなく，連続的対応を考えることで捉えられるだろうと，問題の核心を見抜いていた．

集合論の誕生

1878 年のカントルの論文‘集合論への一寄与’では，上に述べたような成果を踏まえながら，はじめて集合の濃度の概念が明確に導入された．さらにこの論文の中には，連続体仮設の問題が，提出されている．カントルは，このときから終生，集合としての実数の謎をかかえてしまったようである．

この論文で立脚点を得たカントルは，1879 年から 84 年にかけて，‘無限線状点集合論’という標題で，6 つの論文を発表し，この中で，超限順序数の概念が育っていった．

しかし，このように集合論が，カントルの思索の中で創造され，その枠組が明ら

かになるにつれ，ベルリン大学のクロネッカーの，強い批判と，反対を受けることになった．

カントルの後半生を襲った精神障害の原因の一つは，集合論とカントル個人に対するこのクロネッカーの激しい攻撃にあったと考えられているようである．1884 年の春，カントル 40 歳のとき，病気の最初の兆候を経験した．病気の発作は，その後，彼が生涯を終えるまで，何度もおこり，遂に，彼を社会から精神病院へと追いやったのである．

このあとの，カントルの無限論に関する論文は，発作と発作の間に書かれたものである．発作から回復したとき，彼の頭は異常に澄みきっていた [1)]．

カントルは，1918 年，1 月 6 日，ハルレの精神病院でその生涯を閉じた．

Tea Time

質問 クロネッカーのカントルに対する，激しい執拗な攻撃とは，一体，集合論のどこに向けられていたのですか．

答 クロネッカーのカントルへの攻撃の中には，個人的な感情も多く含まれていたのだろう．しかし，その点については，数学史家の研究にまつとして，ここでは，クロネッカーの集合論に向けての批判を，私の感想も適当にまじえながら述べてみよう．

クロネッカーの批判は，集合論の非構成的な性格と，非構成的な枠組の中で，累々と築き上げられていく概念形成の中にみる実体のない姿に向けられていた．クロネッカーにとっては，数学の対象が存在するとは，厳密な構成手段が与えられたものに限るのであって，数学者が数学の実在を確かめる努力とは，結局，その数学的対象の中から，余分な一般的な概念をできるだけ切り離し，対象そのも

1) E.T. ベル『数学をつくった人びと』(田中　勇，銀林　浩訳) 下巻 (東京図書) 参照.

ののもつ内在的性質を明らかにすることにあると考えていたようである．そのような考え方を徹底すると，'無限' という概念は数学の中で希薄となり，崩れていくのである．

クロネッカーは，自然数の存在は，'神の創り給いしもの' として認めたが，π という実数の存在は疑っていた．3.141592 の先に，何の規則性もなく続いていく小数の系列など，どのようにしてその存在を認め，実在するといいきれるのか．このような観点から見れば，カントルが，実数の濃度が非可算ということと，代数的な実数が可算集合をつくるということから，超越数は無限に (非可算！) 存在すると結論したことに対しては，論理的にこの結論を認めても，数学的には許容することなどできなかったのである．クロネッカーは，たぶん，カントルに，「そんなに超越数がたくさんあるというのならば，それを机の上にどんどん出してみてくれ給え」といってみたかったろう．しかし，カントルの集合論の中には，1つの超越数も，具体的に提示する方法は，盛りこまれていなかったのである．1つの超越数も提示できなくて，超越数が無限にあるということは，概念に包まれた詭弁ではないか．

したがってクロネッカーの立場では，「有理数でない実数を無理数という」という定義が，すでに認め難かったのである．このような，否定概念によって定義された数学的対象に，どれだけ自立して存在を主張する力があるのだろうか．

クロネッカーのいうこともわかるのである．たとえば無理数をこのように定義し，次に，無理数の集合の中で $\pm\exp\left(\dfrac{n}{m}\right)\left(=\pm e^{\frac{n}{m}}\right)$ と表わされない実数の全体を P とし，次に，P の中で $\pm\exp\left(\exp\left(\dfrac{n}{m}\right)\right)$ と表わされない実数の全体を Q として，このように続けていったとき，私たちは可算回の操作のあとで得られた集合の実在をどのように考えたらよいのだろう．このような集合に属する1つの実数も特定できないのに，ただ概念だけで，その存在を確認しているとは，一体，数学は何かということにもなりかねない．

クロネッカーは，非構成的な概念で囲まれた集合論に対して，徹底した批判をくり返したのだが，この批判の中心に，まさにカントルの集合論の独創性と斬新性があったから，問題は深刻だったのである．無限は，構成的に理解しようと思っても，何も語ってくれない．カントルは，概念を総合する力を，数学の中に積極的に取り入れることにより，無限の様相を知ろうとしたのである．

クロネッカーも，カントルも，数学の2つの立場をそれぞれ代表しており，それは大ざっぱにいえば，概念のもつ内包的な方向へと数学を向けるか，外延的な方向へと数学を向けるかという，本質的に妥協できない２つの方向を象徴的に示していたのである．実際，クロネッカーの批判は，カントル個人の悲劇を招いたとしても，集合論を数学の中から追放することはできなかったのである．

しかし，クロネッカーの集合論に対する批判もまた，数学史の一挿話として，消えてしまうものでもないように思う．

最近のように，コンピューターの普及で，ディジタル化が急速に進んでくると，たとえば，コンピューターにいくつかの実験データをインプットすれば，やがてプログラムにしたがって，ある整理されたデータが，実験の精度さと必要に応じてどこまでも計算されて，小数の形で現われてくるだろう．キィを押すと，小数はどこまでも画面に現われてくる．

誰も，この数は，有理数なのか，無理数なのかと問いかけはしない．なぜ，問いかけないのか，なぜ，問いかけても意味がないと考えるのか．眼の前に並ぶ有限小数の数の配列を見ながら，そのようなことを考えていると，ギリシャ以来の有理数，無理数の概念の先に，疑わしそうに立ちつくすクロネッカーの姿が見え隠れするようである．

実際，無限とは何であろうか．

問題の解答

第3講

問　$M = \{1, 2, 3, 4\}$ のとき

$$\begin{aligned}\mathfrak{P}(M) =&\{\phi, \{1\}, \{2\}, \{3\}, \{4\}, \{1,2\}, \{1,3\}, \{1,4\}, \{2,3\}, \{2,4\}, \{3,4\},\\ &\{1,2,3\}, \{1,2,4\}, \{1,3,4\}, \{2,3,4\}, \{1,2,3,4\}\}\end{aligned}$$

第4講

問1　$M \cup N \supset M, N$ だから，$L \cap (M \cup N) \supset L \cap M$，$L \cap N$ であり，したがって $L \cap (M \cup N) \supset (L \cap M) \cup (L \cap N)$．逆の包含関係を示すために，$x \in L \cap (M \cup N)$ とする．
$x \in L$ で，$x \in M$ か $x \in N$ である．このことは $x \in L \cap M$ か $x \in L \cap N$ といっても同じことである．すなわち $x \in (L \cap M) \cup (L \cap N)$ となり，$L \cap (M \cup N) \subset (L \cap M) \cup (L \cap N)$ がいえた．この両方の包含関係から，問題に与えられている等式の成り立つことがわかる．

問2　2つの集合の場合の和集合と共通集合の元の間の関係と，問1を用いて，

$$\begin{aligned}|L \cup M \cup N| &= |L \cup (M \cup N)|\\ &=|L| + |M \cup N| - |L \cap (M \cup N)|\\ &=|L| + |M \cup N| - |(L \cap M) \cup (L \cap N)|\\ &=|L| + |M| + |N| - |M \cap N|\\ &\quad - |L \cap M| - |L \cap N| + |L \cap M \cap L \cap N|\end{aligned}$$

この式の最後の項は，明らかに $|L \cap M \cap N|$ である．これで証明された．

第12講

問1　$x \in \limsup A_n$ とする．x は，ある $k_1 \geqq 1$ に対し $x \in A_{k_1}$ である．$k \geqq k_1 + 1$ をみたすある k が存在し，それを k_2 とすると，$x \in A_{k_2}$ となる．同様にして $k_1 < k_2 < \cdots < k_s < \cdots$ で $x \in A_{k_1}$，$x \in A_{k_2}$，$\ldots$，$a \in A_{k_s}$，$\ldots$ となるものが存在することがわかる．すなわち，x は，無限に多くの k に対し，$x \in A_k$ となる．

逆に，無限に多くの k に対して $x \in A_k$ をみたせば，任意の n に対して，$k \geqq n$ で $x \in A_k$ となるものが存在しなくてはならない．したがって $x \in \limsup A_n$ である．

問2　$\liminf A_n = \{x \mid$ ある n が存在して，$k \geqq n$ なるすべての k に対し $x \in A_k\}$
$= \{x \mid$ 有限個の A_n を除くと，残りのすべての A_k に含まれている$\}$

第15講

問　A, B は共通点がないから $A^c \supset B$ である．したがって

$$B \subset A^c \subset M$$

で，$B \simeq M$ から，$A^c \simeq M$ が成り立つ．

索　　引

ア　行

カ　行

サ　行

タ　行

著者略歴

志賀浩二（しが こうじ）

1930 年　新潟県に生まれる
1955 年　東京大学大学院数物系数学科修士課程修了
　　　　東京工業大学理学部教授，桐蔭横浜大学工学部教授などを歴任
　　　　東京工業大学名誉教授，理学博士
2024 年　逝去
受　賞　第 1 回日本数学会出版賞
著　書　「数学 30 講シリーズ」（全 10 巻，朝倉書店），
　　　　「数学が生まれる物語」（全 6 巻，岩波書店），
　　　　「中高一貫数学コース」（全 11 巻，岩波書店），
　　　　「大人のための数学」（全 7 巻，紀伊國屋書店）など多数

数学 30 講シリーズ 3
新装改版 集合への 30 講　　定価はカバーに表示

1988 年 5 月 20 日　初　版第 1 刷
2021 年 8 月 25 日　　　第 30 刷
2024 年 9 月 1 日　新装改版第 1 刷

著　者　志　賀　浩　二
発行者　朝　倉　誠　造
発行所　株式会社　朝　倉　書　店

東京都新宿区新小川町6-29
郵 便 番 号　162-8707
電　話　03(3260)0141
F A X　03(3260)0180
https://www.asakura.co.jp

〈検印省略〉

© 2024〈無断複写・転載を禁ず〉

中央印刷・渡辺製本

ISBN 978-4-254-11883-4 C3341　　Printed in Japan

JCOPY ＜出版者著作権管理機構 委託出版物＞

本書の無断複写は著作権法上での例外を除き禁じられています．複写される場合は，そのつど事前に，出版者著作権管理機構（電話 03-5244-5088，FAX 03-5244-5089，e-mail: info@jcopy.or.jp）の許諾を得てください．

【新装改版】

数学30講シリーズ

（全10巻）

志賀浩二［著］

柔らかい語り口と問答形式のコラムで数学のたのしみを感得できる卓越した数学入門書シリーズ．読み継がれるロングセラーを次の世代へつなぐ新装改版・全10巻！

---

1. 微分・積分30講　208頁（978-4-254-11881-0）
2. 線形代数30講　216頁（978-4-254-11882-7）
3. 集合への30講　196頁（978-4-254-11883-4）
4. 位相への30講　228頁（978-4-254-11884-1）
5. 解析入門30講　260頁（978-4-254-11885-8）
6. 複素数30講　232頁（978-4-254-11886-5）
7. ベクトル解析30講　244頁（978-4-254-11887-2）
8. 群論への30講　244頁（978-4-254-11888-9）
9. ルベーグ積分30講　256頁（978-4-254-11889-6）
10. 固有値問題30講　260頁（978-4-254-11890-2）